Investment

Investment

尼采商學院

THE ENTREPRENEUR'S WEEKLY NIETZSCHE

LinkedIn創始人──里德·霍夫曼盛讚

一周一篇
激發創業投資的
勇氣與智慧

布萊德·菲爾德 Brad Feld
戴夫·吉爾克 Dave Jilk

著

李屹

譯

目錄 CONTENTS

推薦序｜創業的思考也是哲學的思考／鄭博仁 007
推薦序｜創業的路上，與尼采同行才不失焦／陳全正 011
推薦序｜從哲學談創新／里德．霍夫曼 015
導論｜獻給顛覆者的書 021
本書編排方式 027

1 策略 STRATEGY

壓勝 033
找到你的方向 035
做顯而易見的事 040
克服障礙 045
顛覆的耐性 049
觸底 053
無聲殺手 057
預見未來 061
資訊 065
里程碑 070
計畫 073

2 文化 CULTURE

信任 079
感謝 084
堅持 088
超越 094
風格 096
後果 101
怪物 104
團體迷思 107
思維獨立 110
成熟 116
整合者 124

3 自由精神 FREE SPIRITS

偏離常道 129
執著 134
工作就是獎賞 139
為自己歡欣 142
玩得上手，展現成熟 146
天才 151
經驗得來的智慧 153
連續創業之道 158
成功的陰影 162
反射你的光芒 166

4 領導 LEADERSHIP

負起責任 173
做事不是領導 178
信念 182
吸引人跟上來 185
堅定不移的決心 188
正確的訊息 192
溫和領導 194
感謝與正直 197
兩類領導人 201
內向者 205

5 手腕 TACTICS

再來一次，這次放感情 213
對著受眾演奏 218
展現價值 222
強烈的信念 227
光明磊落 229
紅得發燙 234
模仿者 238
退一步 243
持續惕勵 247
清理 250

結論丨創業的道德 255
附錄一丨尼采的生平和遺產 257
附錄二丨關於尼采的傳言不能盡信 267
附錄三丨資料來源 285
鳴謝 291

推薦序｜
創業的思考
也是哲學的思考

大部分的時候，當我們談論創業時，常常是以商業的角度來看待這件事。因此，我們花大量的時間和心力關注「什麼是最好的點子？」「市場上有什麼痛點沒有被解決？」「如何優化商業模式？」「怎樣能贏過競爭對手？」等問題。不過，我想，那些走完整個旅程、身經百戰的創業者，通常會體悟到一個經常被忽略的重點：創辦人和團隊本身往往才是公司是否能成功的關鍵。

這一點從早期投資的經驗來看，尤為正確。在我的印象中，幾乎大部分成功的新創公司，最後成功的點子和一開始所設想的都不盡相同。但這些公司都有一個共通點：背後有一個願景清晰又強而有力的團隊，願意在錯誤中不斷嘗試，最後才找到了突破的方法。

從「心」出發，才能掌握成功

一家新創從成立到成功，平均的時程大約是 7 至 10 年。在這段漫長的時間裡，無論是市場、科技或是消費者行為，都會經歷巨大的變化。創業者不僅可能會疲於追趕改變，還要顧及公司的高速成長，營運的過程中也會充滿困難與挑戰。在這條路上，如果沒有超凡的熱忱和堅持、沒有足夠的能量去激勵團隊，肯定是沒辦法撐過去的。

而超凡的熱忱和堅持，唯有向內心探尋才有可能獲得。創業者可能需要思考：「我想成為怎麼樣的人？」「為什麼解決這個問題對我而言別具意義？」唯有當創業者想清楚自己為何而戰，才有可能散發可以激勵他人一起為同一個願景而努力的能量。

除此之外，最厲害的創業者，通常能夠清楚地透視那些包裝在理論、商業或科技術語之下的框架，從人性的根本面來思考，應該為使用者提供怎樣的產品或服務。因為他們想得比別人還深入透徹，所以也能察覺就連使用者當下也不知道的需求。就我的經驗來說，這樣的創業者和其領導的公司，也通常都會獲得出乎意料的成功。

上述這些思考，既是創業的思考，也都是哲學的思考。

讓這本書，解決創業的煩惱

雖然聽起來很玄，但我確實很鼓勵所有創業者，都能盡量在極度繁忙的工作之餘，找到能讓自己靜下心來的空檔，允許自己的思緒漫遊一會兒，想想那些募資、技術、商務開發、客戶服務以外的、富有哲學性的問題。有時候，那些最令人眼睛為之一亮的「啊哈！」時刻，都是在沒有限制的思考下誕生的。

如果實在不知道如何自由地讓思想遨遊，那麼這本由矽谷知名天使投資人布萊德 · 菲爾德 （Brad Feld）和他的夥伴戴夫 · 吉爾克 （Dave Jilk）所撰寫的《尼采商學院》，就是很好的輔助工具。

結合尼采深奧的智慧，以及多位創業者分享實際故事的現身說法，或許能為你正在煩惱的事情帶來不同的觀點也說不定！

推薦給同樣在創業路上努力的冒險者們閱讀。

鄭博仁（Matt Cheng）
心元資本創始執行合夥人

推薦序｜創業的路上，與尼采同行才不失焦

這是一本能隨時閱讀的好書。尼采把他對於人生的觀察及哲理，濃縮、精鍊於一則則的箴言中，而套用在創業的情境，沒想到竟是如此地適切。尼采不是實業家，這也不是一本你我所想像的「創業教練」書籍，具體教你創業成功步驟或 SOP（事實上，創業的成功也不會有固定的步驟）；反而，它把創業思維拉到了更上位的概念，嘗試建立基本且全面的價值觀，兼納百川，給予我們心態上的啓發與提醒。

內容所摘錄的道理多不深奧，甚至不少是你我都聽過的，像是：「最高的山是從海裡升起的。山裡的石頭和峰頂的岩壁上，都銘刻著見證。能潛多深，就能長多高。」（摘自〈觸底〉）然而，很多時候我們就是需要這樣提醒自己專注及保持信念，畢竟創業的路上，有太多令我們分神的事情了。

尼采的核心原則，也是創業的成功指引

尼采的一生，充滿著生理病痛與心理煎熬。

「偉大的成功，往往要先經歷劇痛才能企及。」同樣的是，人生及創業從來都不是一件容易的事情，我們必須保持謙遜及忍耐，這是尼采的核心原則，在創業之路也是如此。身為一名創業者，我完全能理解，特別是在這充滿不確定性

的時代。

同樣地，我個人並不相信事事一帆風順的「創業童話」。創業路上總有曲折，但能持續堅持向前，即是成就。分享個實際故事：

有個新創公司的客戶，創辦人是科技背景出身，在 2017 年跨入區塊鏈領域，提供企業技術解決方案，在台灣也算早期的服務者。順著區塊鏈那幾年發展的熱潮，公司不斷有好消息，團隊也逐步擴張到 40 多人的規模。

2020 年，新創圈氛圍也是投資人捧錢找好標的，該創辦人談到一筆新台幣 8000 多萬元的投資案，加上其他國家業務發展的管道，投資人給錢給資源，怎有拒絕的道理？雙方相談甚歡下，投資協議很快地簽署了。然而，創辦人沒注意的是，投資人在簽約前的最後關頭，以資金調度須改以境外資金、改用境外公司投資主體為由，微調了投資協議，將投資款付款義務等，設計了「投審會准許」的前提，以及雙方皆有解約的權利。

可惜的是，該創辦人急著簽署，未讓律師再次確認。結果就是：申請案遲未通過，投資金額沒著落，投資人解約，這個投資案失敗了。更慘的是，該公司已經樂觀地先將規模擴編了。緊急應變下，公司資遣、協商、合作業務案解約，回到最初 10 多人的規模。但好在創辦人沒有被擊敗，回到精實創業的原點，這 2 年下來，路雖然辛苦，總仍回到了一定的規模。

相信這位創辦人經歷了這段旅程後，一定會更加謹慎地看待事業發展，這樣也蓄積了更往上爬的能量，更重要的是，相信以後一定會和律師的互動更密切吧。

閱讀沉澱，重整腳步向前行

本書亦是如此，在每則箴言後有思維介紹與實質的創業故事，讓內容更加醇厚底蘊。這其中，有創業者的反思、辯證，讓我們更能身歷其境。有趣的是，如果你是創業者，或在創業路上，不論成功與否、處在何種階段，裡面的故事你一定能心有戚戚焉。彷彿創業路上的甘苦及韻味、這些塵封的記憶，在這一瞬間又再次釋放出來，讓你省思回味，或而當頭棒喝，或而激勵啓發，但都能讓你重整腳步，續向前行。

當市面上有太多創業理念及指引，到最後也終須化繁為簡，回歸到基本信念，這本書可以導引你不至於失焦。

創業是一件孤獨的事情，並不是在於沒有人幫你或沒有外界資源。難點在於，你必須靜下心來傾聽內心的聲音，思考這段路你要達到的目的。這是一個練習承擔責任的旅程，而你需要自己完成。當你需要沉澱時，不妨找個角落，帶上這本書，它會給你帶來啓發的，我推薦給大家。

陳全正律師

眾勤法律事務所副所長／合夥律師

推薦序｜
從哲學談新創

尼采這個哲學家不但讓人心煩意亂，他本身就帶出許多問題。不同年代裡各有關懷的學者，讀尼采的作品竟會得出南轅北轍的解讀。他們的解讀固然彼此矛盾，卻都說得通，這是因為尼采善用警句傳達哲思，加上文風緊湊，我們雖然不會讀錯他駁斥的對象，卻能從他批判的理據和寓意推敲出許多種不同的解讀。尼采之所以這樣寫文章，正是要追求恢宏創見，不容許自己隨波逐流。像這樣的哲學家，創業者應該一讀再讀。

科技和市場日新月異，創業者時時都在思考要怎麼善用這些變革，創造嶄新的產品和服務，顛覆產業。尼采以他獨樹一格的警句，向學院正經八百的傳統方法下戰帖，企圖顛覆他那個時代的哲學。創業者以新式公司文化和新穎的商業模型設計公司；尼采調整框架、把問題改頭換面，告訴世人可以怎麼過富有創造力的生活，以此推進他的哲學。創業者憑速度、原創性和策略搶下市場——也就是給司空見慣的問題，提供與時俱進的解決方案；尼采拆除陳舊的哲學體系——以與時俱進的人性，取代舊偶像（價值、宗教等）——如此贏得讀者。

在本書中，作者戴夫和布萊德提到尼采對商業活動不屑一顧，還認為做生意的人全是市儈又渾渾噩噩之輩。這也難怪，畢竟尼采那個時代的生意人，不外乎是地方店主、市井老百姓，他們每天做生意，謹守成規，來來去去就是熟極而流的那幾招。反觀尼采，他認為人類靈魂至高的抱負是追求人類的演化，這包含認同的演化、文化的演化，還有新思維的演化，更確切來說，尼采期待人們創造前所未見的事物，朝絕對的原創性演化。

殷殷期盼的尼采，字裡行間都透露著創業之道。打造新事物，改善制度，從演化的角度看待市場和顧客，並且加入他們的演化。尼采顛覆現狀，跟創業者做的是同一檔事。哲學家和文獻學家把經典讀得滾瓜爛熟，但願歷史長存人心、受人景仰，但尼采想要把那些偶像拉下神壇，創造嶄新的哲學。各家公司和實業家一旦在市場上建立陣地，接下來的心思都放在維持所處行業和市場的原狀，一點都不要變是最好。反觀創業者盡其所能，就是要利用新科技和另闢蹊徑的商業模型，打造新產品和服務，讓產業改頭換面。

沒搞錯吧？給創業者讀哲學？

話說回來，本書除了為一位宣揚創業精神的傑出哲學家加冕之外，還有什麼重要性呢？

尼采也是個向前看的人——他看向人類可能成為、應該成為的模樣：Ecce Homo，「瞧，這個人」*。無獨有偶，最優秀的創業者中不乏偉大的人文主義者。我這樣說恐怕會讓一些讀者感到疑惑，畢竟在我們的經驗裡，創業者最鮮明的形象若不是資本家，就是推崇科技的一群人。其實創業者塑造產品、顧客和市場的演化，跟思考「我們人類是誰」「我

---

* 編按：出自尼采著作《瞧！這個人》（*Ecce Homo*），除詮釋自己的哲學著作，也提倡重估一切價值。

們人類能怎樣發展」是有可以相互借鑒的地方。

哲學之所以有可能是創業之道的基礎，一部分原因也就在這裡。沒錯，許多創業者和商務人士認為哲學一無是處，甚至比一無是處還不如。按照他們的看法，創業者跟哲學家位居效益光譜的對立兩端，前者實事求是，挽起袖子做事，他們是為了顧好公衆實際的欲求和需要，才構思出合乎常識的理論。後者拋出浩大但抽象的理論，論動腦的程度固然令人折服，但落地實行就經不起考驗了。

見林不見樹的哲學家肯定大有人在，但你如果能知行合一，兩者的結合可是威力十足。

我鍾愛的一句話是這樣說的：理論中不存在理論和實踐的差別。這句話的弦外之音是：實踐中，理論和實踐有天壤之別。話雖如此，就批判而言兩者同樣重要。受理論驅動的實作最強健，因為你能從實作改善理論。哲學教你怎麼由概括的理論思考，教你如何精確思考和用詞，教你如何建構一套理論、檢驗理論求真相，進而推進那套理論的演化。如果你創業深得要領，那創業之道跟哲學可說是殊途同歸！

其他學科的焦點擺在比較特定的領域，教你怎麼在那些領域裡發展理論，從物理學、經濟學到心理學都是如此，為什麼創業者的工具箱特別為哲學留了位置，正是因為哲學講求通則。創業者做的生意通常有某些原創的成分，也許是獲取客人、跟客人打交道的新招，也許是新的科技平台，也許是新的商業策略或營運做法，也許是新的商業模型。這些創新大概都跳脫了當時的理論和框架，於是他們需要新的措辭才能訴說上述新意，將新意塑造成目標、策略、新的體系。哲學提供創業者塑造新理論的概括術語。

最後，哲學關懷的主題多半離不開人性。哲學出於對智慧的愛、對真理和知識的追求。支撐這番追求的是關於人性的理論：追尋真理和知識的我們是怎樣的人？我們能掌握什麼樣的真理？了解真理，我們又要如何行事？

我相信，每一段投入於創業的追求，都有一種人性的理論在支撐。我們不想要既有的產品和服務、卻想要這個新產品或服務，這樣的我們是怎樣的人？我們贏取客戶的新手段奏效了，讓它奏效的我們是怎樣的人？我們會潛心投入這項新產品或服務，這樣的我們是怎樣的人？

我相信創業需要一種特定的人性理論，所以公開講投資的時候，我常常會從哲學面的觀察說起。舉例來說，近 20 年來，我老把一件事掛在嘴上：投資面向消費者的網路產品，形同投資七大罪的一種或更多種罪。商學院的學生以為學習顧客獲取成本（Customer Acquistion Cost, CAC）、顧客生涯價值（Lifetime Value, LTV）、營業利益率、競爭差異化等概念，就成了投資老手，但所有創業案都鎖定某個未來的 CAC 或 LTV，問題是怎麼達標？隨著這款產品牽涉的規模越來越大，我們為什麼還能顧好它？這跟我們是怎樣的人有關。哲學幫助你犀利思考你的人性理論，思考它跟你的創業目標是怎麼串起來的。

讓自己成為製造好麻煩的創業者

回到尼采。為什麼他特別適合創業者反覆重讀？過往做哲學都是崇尚過去、尤其抬舉前輩和領導人物的理念和形象，這種方式宛如一潭死水，尼采要加以顛覆。他想把焦點重新放回現在，放在人類曾經是什麼、可以成為什麼。

尼采舉著一把鐵鎚做哲學，這是他叛逆當世的一部分。老舊的心態把人鎖在過去，他想摧毀那種心態，翻新他們的觀念，才能有迎接新事物的可能性。尼采之所以強調新式論證風格，也是因為他想要調整世人的心態。大部分哲學家因循經典的格式、或是回顧歷史上的偉人怎麼說，再由此下筆論證。反觀尼采，他一上來就先用警句吊足讀者胃口，不然就是用前所未見的神話形式敘事開場。

創業者就該抱持這樣的心態。這也是為什麼，每天做一點哲學操，有可能讓創業者從優秀邁向偉大，所以每天操練一點尼采，更是創業者重量級的哲學操練。

尼采在《偶像的黃昏》（*Götzen-Dämmerung*）裡寫道：「只有動物或神才有辦法獨自生活——這是亞里斯多德說的。他漏掉你必須兩者皆是的第 3 種情況——也就是哲學家。」創業者的版本或許會這樣寫：「亞里斯多德說，讓一項改變成見的新產品進入大眾視野的人，要嘛是個狂人，要嘛就是天才。但他忘了第 3 種情況——創業者。」

尼采銳意求新，到頭來讓他像顆燙手山芋，不過價值連城。改變一定會帶來麻煩，創業者促成「顛覆」的時候，就也帶來麻煩，但不破除舊事物，勢必無法企及又新又好的未來。美國推動近世民權的健將之一、已故的國會議員約翰．路易斯（John Lewis）有句話，精彩道出麻煩的不可或缺：「好的麻煩要惹，躲不掉的麻煩要惹。」他老是把這句話掛在嘴邊。不論市場還是社會，我們就是靠好麻煩而進步的。

里德．霍夫曼（Reid Hoffman）
創業者、投資者，偶爾會是哲學家

導論｜獻給顛覆者的書

尼采？給創業者讀尼采？

我們著手把菲爾德科技改造成一門認真的生意，已經 9 個月過去了。這時是 1988 年 1 月底。菲爾德科技是布萊德獨挑大梁的小顧問公司，而我們是兄弟會裡的「麻吉」、過從密切的朋友，我們的第一間辦公室就設在劍橋的兄弟會所正對面。我們打算利用聰明又廉價的軟體開發者，打造商業應用軟體，僱了半打程式設計師，多數是從兄弟會找來大學生當工讀生。除了布萊德的信用卡，我們毫無金援，另外有 10 美元拿去買敝公司的普通股了。

戴夫走進布萊德的辦公室，布萊德剛算完 1 月的試編財務報表。眼下公司的損益快打平了，但戴夫帶來的消息不妙：我們一個月就損失了 1 萬美元。不但始料未及，還費了一番功夫才理出頭緒。原來戴夫大部分的時間都花在管理開發工讀生，工讀生的當務之急是把未來的產品做出來，而不是做能按工時向客戶請款的工作。布萊德都在賣電腦設備，毛利低，他也沒有做能按工時向客戶請款的工作。本月營收都來自一個常出錯但產能高的開發者，一個叫麥克的大學生，他做的專案可以向客戶請款。

我們連辦法都來不及想出來，麥克就辭職了，說是要專心課業。這下子我們走投無路，只好辭退所有人，關閉月租辦公室，出清所有辦公用品，搬到我們在波士頓市區的公寓另起爐灶。局面一籌莫展。布萊德懷疑我們開局已露敗象，戴夫擔心繳不出房租，我們討論事業的未來討論個沒完，已經沒把握要不要堅持下去了。

所幸我們還是有可以請款的專案，又不必花時間管人，想通衣食父母是誰，於是 2 月的業績好多了，我們鬆了一口氣，而 3 月的表現還更好。跟業績同等重要的是，我們學到幾項關鍵教訓，換了一套截然不同的觀念繼續推展生意。接下來，我們按部就班、一步一步打造這家公司，觸底的經驗和從中學到的教訓不只深植腦海，也在我們的公司文化裡生根。

尼采領路，我們用力跟上

快轉 30 年，這本書寫到中途，戴夫正在讀《查拉圖斯特拉如是說》（*Also sprach Zarathustra*），他讀到一段談到最高的山峰升自海洋，這項事實「蝕刻在……山巔的岩壁上。」我們當下就決定把這段話寫進書裡的某一章，而這份篤定源於菲爾德科技的歷練——不只菲爾德那一段，其後還有太多次。如果有人讀到這段引言（並且心有戚戚）；讀到像後文〈觸底〉一章，把處境的嚴峻和展望刻劃得黑白分明的短文；或是讀到華特．內普（Walter Knapp）與他徹底顛覆行業的線上廣告平台（Sovrn）跌到谷底又獲新生的故事——讀者會獲得什麼樣的慰藉與指引？我們就是懷著這樣的想像下筆的。

這項專案就是這樣開始的，大多數章節也是這樣寫出來的。我們從尼采的作品讀到種種觀念，讓我們想起創業和從事風險投資所經歷過的情境、疑問和關懷。尼采遣詞用字有他的高明之處，我們發現一些觀念在他筆下更顯凝鍊。於是，我們開始放膽玩味尼采簡練的警句，同時一邊搜集創業故事，本書的寫作火花就這樣迸發。

雖然我們胸懷壯志，但菲爾德科技終究沒有成爲一家顛覆行業的公司，出售前的營收卡在 200 萬美元上下，那時是 1993 年。因爲我們打造了堅實的地基，獲得某種成功，後來再也沒有摔到那麼淒慘的境地，結果也沒有機會痛定思痛、重新檢討我們的成見。〈觸底〉不但寫到這一點，也向讀者說明爲什麼我們不乾脆寫幾篇文章、拼湊幾則創業故事就好。那正是因爲老是獨坐、獨行，深陷痛苦，眼睛幾乎看不到的尼采，經過深思，好不容易才跟世界分享這些想法。他領路，我們跟上，用力思考，琢磨還能從其他什麼樣的角度、在什麼樣的情境下，讓他的名言錦句能派上用場。請你也付出同等的努力，別忘了：尼采的作品整個 20 世紀都深具影響力，延續到 21 世紀仍不見式微。

說到商業和創業的書籍，有時啓發比指導更有助益，所以本書固然有不少「如何做」的資訊，我們還是把目標放在提供你從不同觀點思考的食糧。我們處理了領導、鼓勵、士氣、創造力、文化、策略、衝突和知識等議題，敦促你思考，你和你的事業是塊什麼樣的材料。期待你質疑我們的想法，放在心裡琢磨，不要一聽就埋頭去做。如果我們寫得不錯，那有些篇章應該要讓你生氣；有些段落則會讓你躊躇滿志；有些字句會讓你懷疑自己到底知道些什麼；有些則讓你大步向前衝。但願尼采精彩的文字，經過我們多方發揮，加上來自創業者的故事，能給你帶來智識、情緒，還有創業方面的啓發。

說到商業活動和生意人，尼采從來沒好話。他認爲前者粗鄙，後者缺乏貴族的品格，但他要是活到今天，說不定會對創業者刮目相看，畢竟他鍾愛激切和狂熱，對創造事物的人評價頗高，還曾經長篇闡述「自由精神」的內涵，也就是不拘泥傳統或文化規範的人。尼采自認他的使命是「重估一切價值」，一心將 19 世紀末歐洲的道德傳統全盤推翻。

讀尼采殺不死你，反而能強化創業技能

本書是「獻給顛覆者的書」，在回應著《人性的，太人性的》（*Menschliches, Allzumenschliches*）的副標題「獻給自由靈魂的書」，還有《查拉圖斯特拉如是說》的副標題「獻給所有人、也不獻給任何人的書」。我們之所以如此定位這本書，是因爲創業者是我們設想的受眾之一。創業者不只想開張做生意，更渴望全盤革新，渴望創造新產業。尼采筆下的人物，查拉圖斯特拉說：「我不求小贏！……只爭一場大勝！」顛覆產業的創業者就要有這樣的器量。如果你正以創新促成顛覆，或是以顛覆促成創新，那麼弗里德里希·尼采會爲你喝采，我們也會爲你歡呼。

尼采不好讀，很多膾炙人口的引言根本讓人摸不著頭緒。我們用 21 世紀的英文改寫他的短句，用意是讓讀者能親近尼采；別怕，本書只有一小部分字句出自他的手筆，那些段落非但殺不死你，還會讓你更強壯。

尼采經常被人誤解，他和他的哲學有時讓社會大眾眉頭深鎖，說不定你就聽過別人說他的想法餵養了第三帝國。晚近有文章寫「另類右翼」受到他的鼓動，你或許也讀過。尼采的哲學到底說了些什麼？對此，我們的觀察是，斬釘截鐵的主張多半靠不住，不是學者提出的就更加靠不住。稍微下點功夫，人人都能找到尼采作品的原句，讀了就知道最常見的擔憂不外是杞人憂天，因爲別有所圖才斷章取義。爲證明我們所言不假，也回應你可能會有的疑慮，本書收錄一篇附錄〈關於尼采的傳言不能盡信〉，審視了尼采據稱跟另類右翼的種種關聯，發現

大部分都是騙點擊的瞎說。說穿了，如果我們認爲那些指謫站得住腳，打從一開始就不會寫這本書。

斯多葛主義*的哲學盛行於矽谷和其他新創社群，蔚爲風尚。本書寫到中途，我們了解到尼采的思路代表斯多葛主義的續篇，豐富又健康，特別適合顛覆現狀的創業者。斯多葛學派承擔重任的意願、對任務的專注，遇到必須完成的事情就將它完成，不問這件事是否順著自己的意，對尼采來說還只是個人發展的頭一個階段。這個階段是必經之路，但遠不足以讓人重新想像世界，創造嶄新的價值和價值提案。如果你奉行斯多葛的原則，在這樣的基礎上你還能再接再厲。怎麼做？本書會提點一二。如果你不熟悉斯多葛主義，無須擔心，它跟尼采的第一階段重疊之處甚多，從這裡還能發掘許多類似的觀念。

許多成功的創業者大學時研讀過哲學，創辦 LinkedIn 的里德·霍夫曼、創辦 PayPal 的彼得·提爾（Peter Thiel），還有創辦 Flickr 和 Slack 的斯圖爾特·巴特菲爾德（Stewart Butterfield）都是其中一員。閱讀哲學或運用哲學方法思考世界，從而獲得引導、慰藉或心智刺激的創業者，比比皆是。雖然我們希望能提點你一些洞見，領你走向尼采及其哲學，不過我們的貢獻仍舊沒辦法代替他自己的手筆。深入探究尼采可能會讓你脫胎換骨，也會是樂事一樁。我們編排的樣本和簡單的詮釋能讓你坐立不安，但如果你眞的去讀了原著，那簡直會教你如坐針氈——但其中的思想也更加深刻。

---

* 編按：斯多葛主義（英語：Stoicism），古希臘和羅馬帝國思想流派，由哲學家芝諾於西元前 3 世紀早期創立。提倡「義命分立」，強調「內在自由」：我們無法改變現實，但我們可以改變我們對事件的判斷與態度，由此建立出「勇於接納生命所有」的狀態。

本書編排方式

本書有 52 個獨立章節（每周 1 章），分 5 大篇（策略、文化、自由精神、領導和手腕），每章都從尼采的作品摘了一段引文開場，取公共領域的翻譯，接著是我們自己用 21 世紀英文改寫的版本。再往下是一篇簡練的文章，把這段引文應用於創業實務。大約三分之二的章節，會有來自我們認識（或耳聞）的創業者的一段話，或者是關於某位創業者的事情，講述他們親身經歷的一段有血有肉的故事。當然，這些故事都跟引文和文章有關。

每段引文、每篇衍生的文章與範例，都需要時間才能滲入你自己的商業情境，你才能融會貫通。你可別一章接一章讀過去就算了，盡量在一個星期的兢兢業業之間，反思引文、文章和敘事。本書是否有隻字片語，跟你公司裡正在發生的事情不謀而合？對你大抵是有幫助，還是跟你必須執行的事項牴觸？你的組織裡，有沒有人會從閱讀、思考或討論本書章節而受益？要咀嚼一陣子，別草草翻過。

如果你沒讀過尼采，我們會建議你每章先從我們改寫的引文開始，讀完改寫的版本再讀原本的引文。文章讀畢，再回來重讀原本和改寫的引文。請聚精會神，把警句跟這些觀念連結起來，這樣你爲事業奔忙的時候更容易想起來。當周如果讀了那一章第 2 遍、第 3 遍，都沒什麼好難爲情的。

你不必按特定的順序閱讀本書，章節安排沒有「先修」或「擋修」的顧慮，要是前後互有關聯，我們會直接在正文裡提點。翻到哪一章激起你的好奇心，就從那裡開始讀吧。

前兩章「策略」和「文化」跟你的事業有關，接下來兩章「自由精神」和「領導」跟身爲領導者和創業者的你有關。「手腕」這章大部分是談溝通。各章中的篇名都編排得輕省流暢，合乎邏輯。

不論是哪一篇，對尼采或創業之道的處理都算不上周延，甚至整本書仍嫌不夠完備。尼采下筆時不是要寫創業之道，偏偏這條路上能借鑒他著作的地方，實在多得令人咋舌。可惜，有些主題還是相去太遠，但就算是他明擺著要處理的題目，尼采的著作也不是從頭到尾都能環環相扣。

本書有 3 篇附錄，但都不是讀通本書所必備。〈附錄一〉是一篇傳記，也全盤回顧了影響尼采和受尼采影響的人。〈附錄二〉是導論提過的那篇文章：〈關於尼采的傳言不能盡信〉。這兩篇附錄能讓你掌握尼采的著作和生平的梗概。〈附錄三〉整理了我們選輯的尼采語錄的來源和譯者。

我們詮釋尼采的方針

我們不是專攻尼采的學者，本書也不是研究尼采的學術著作。同樣地我們不是研究創業學的學者，本書也不是要用學術研究的規格處理各種創業路上的疑難。話雖如此，創業之道我們都略有涉獵，創辦和投資公司，我們也有經驗。我們的目標是把尼采的觀念、我們自己的經驗和想通的道理，還有往來創業者的一些例子，全部兜在一起，在你的創業之路上開啓你的眼界，爲你打氣。

我們避開尼采晦澀難懂的引文，挑出反映創業之道重要面向的句子，言簡意賅又鮮活生動的尤其是我們的首選。雖然我們不願放過尼采著作裡潛在的洞見，會錯過一些精闢的引文也是可想而知。

文學評論界會探討尼采遣詞用字和隱喻所夾雜的影射、細微的象徵，但我們只抓住表面的詮釋，因爲再像文學評論界那樣深入詮釋下去，難免誰都有道理，更超出我們寫作本書時設定的課題，也就是幫助你思考你自己、思考你的事業。雖然我們的文章寫得像硬梆梆的規矩，你不見得要照單全收。

我們憑藉自己的想法把尼采的觀念應用在創業領域。許多引文提到藝術界的人物，包括藝術家、詩人和作曲家。按尼采的觀念，領導者通常是哲學上的領導者（他就是這樣看待自己的），不然就是政治上的領導者，但我們認爲創業者是別具一格的創造者、領導者，也是顚覆者。而且，我們也相信尼采的觀念夠深，能概括的範圍也夠廣，所以我們應用的方式雖然新穎，卻不擔心尼采的觀念不合用。只有少數幾個情況是尼采的文句啓發了文章，不過我們沒有直接套用引文，也沒有信口雌黃。

你也會讀到一些既不吻合尼采的文句、跟我們的發揮也不搭軋的敘事。我們之所以把敘事編進書裡，並不是想要大家「殊途同歸」——雖然有些創業者故事確實錦上添花——而是要勾勒一個活生生的創業者讀過引文和文章後，他的閱歷長進了多少；同樣地，一個章節能解開你多少憂心、啟迪你哪些觀念，你也不必畫地自限。

創業者講述的都是眞實故事，而非「改編自眞實故事」的寓言。尼采常提到：我們統攝事物的抽象和概括事情的原則，都是一種幻覺，常會誤導我們。所以，這些敘事不只是鮮活而已，更爲我們要探討的主題增添具體、獨立的角度。吉爾．德勒茲（Gilles Deleuze）在他的經典著作《尼采與哲學》

（*Nietzsche et la philosophie*）裡說過：「軼事之於生活，正如警句之於思考，兩者都有待詮釋。」無獨有偶，「敘事」這個詞就隱含了詮釋，不然我們也不會選用這個詞了。我們打從一開始就沒打算核對這些故事是否吻合實情，也請各位讀者別把它們當成客觀的報導來讀。反之，每一則敘事都是創業者對「曾經發生過的大事」的詮釋。

我們從沒奢望尼采本人會喜歡這本書，畢竟他說過：「最糟的讀者，行徑就跟四處劫掠的士兵一樣，他們把說不定用得到的東西搬走，剩下的用穢物和困惑掩蓋，一邊咒罵整本書。」見縫插針、只挑我們用得上的段落放進本書，自然不在話下，所幸後兩種事情應該不至於。

最後，請讀者把尼采對自己作品說的話牢記在心裡：「我這部作品無庸置疑也只是詮釋——而你也等不及要如此反駁我了？——好，這樣更好。」就連他自己都聲稱「萬事都是詮釋」也只是另一種詮釋。

1 策略
STRATEGY

人們探討創業之道的時候，開口閉口都是「策略」，卻牛頭不對馬嘴。隨手 Google 找一找，劈哩啪啦都是經典定義，像是《孫子兵法》、彼得・杜拉克（Peter Drucker）的公開信，麥可・波特（Michael Porter）有一整本書都在講策略——《競爭策略》（*Competitive Strategy: Techniques for Analyzing and Competitors*）——恐怕是有史以來被 MBA 引用最多的書。

尼采不是管理理論大師，也不是什麼領導人物，但他對策略的直覺卻有先見之明，這無非是因為他飽讀歷史，從人性和人心恆久不變的要素提出洞見，他憑直覺就明白，一點一滴的改變跟全盤創新的差異。他明白把事情做對的方式不只一種，更重要的是，他知道改變需要時間，儘管變革到來時好像只在一夕之間。

除了「策略計畫流程」外，人們討論策略時經常遺漏「計畫」一詞。尼采給我們的觀點，讓我們看到計畫的重要和難處，一次想跨的步伐越大、想顛覆的範圍越廣，計畫就越重要，也越艱難。你必須理解「里程碑」和「目標」的差別，否則成不了大事。

記得：尼采寫的東西不好讀。所以慢慢讀，在心裡大聲讀，不妨抄在紙上，讓他的話語深植腦海，往後更容易記起這一章，讀完整章再重讀一回抄下的字句。

壓勝

征服當如何。——如果預期千鈞一髮才勝過對手，那我們沒有資格渴望勝利。讓被擊敗的一方喜悅，而且勝利必須具備一些美好之處，才是一場優勝該有的樣子。

換句話說：別只求險勝。一場優勝讓人肅然起敬、五體投地，輸家不覺得輸了沒面子，反而是對贏家刮目相看。

根底深厚、產品成熟的大公司多半傾向按部就班地改進，一點一滴把優勢拿到手，好比市占率提升 0.1%，或是一個低毛利產品增加 2 毛錢的毛利，說不定就是數百萬元的淨收入。

創業者的職責不在於上述這種最佳化。按部就班求改進不會讓你一飛沖天，其實連扎實的改進都不會，你必須全盤顛覆現況，給人們新的行事方式，而且至少要比習以爲常的做法好上 10 倍才行。「10 倍」一點都不誇張，這是部分投資人抓投資報酬率時的經驗法則；除了投報率，產品也必須改善現狀達 10 倍之多。

爲什麼？其實有很多實務上的理由。根底深厚的公司，營運流程、組織結構、產業關係還有銷售戰術，全都經過千錘百鍊，這些創業者一項都不具備。倘若你要逐項打造，不但要冒可觀的風險，只要一步踏錯，就算是產品帶來優勢，可能也扳不回局面。

在位者有品牌。就算不是人人都對該品牌心悅誠服，顧客也寧可跟「熟識的魔鬼」打交道。如果實行改變可能帶來的好處微不足道，顧客自然打死不願改變，畢竟改一件再小的事情都有它的代價。投資人想找能迅速擴大的公司，而公司提供的產品鐵定要好到出人意表，才有可能迅速擴大。員工聽到「改變世界」會比對世界零敲碎打更來勁，這也是人們加入新創公司的理由之一。

一日千里的改進不見得都是新科技的功勞，新式組織流程、遞送服務的模式，或是銷售與行銷手法，也能不時大幅改善現狀。在這些領域，如果對既有的問題提出新做法，也可能跟嶄新的產品一樣出人意表，讓人欽佩不已。

當你顛覆在位對手的生意，把他們成熟的產品線推向沒落，他們恐怕「喜悅」不起來。不過，當在位者的管理階層和個別的貢獻者想加入你的公司，你就知道自己創造了「美好」的事物。畢竟他們熟悉這塊商業領域，其中一些人會明白你的東西才是未來。他們被你的公司擊敗，但不覺得丟臉，因爲他們在熟悉的產業主場裡找到新的啓發。

構思創業機會的時候，試著設想一個讓人難以抗拒的機遇，公司裡目光遠大的員工聽到你開出的條件會躍躍欲試。找幾個在職員工探詢一番也不爲過。

〈做顯而易見的事〉〈玩得上手，展現成熟〉和〈偏離常道〉這幾章，對發掘機會有更多的討論。〈連續創業之道〉則從另一種角度討論怎麼想事情才大器。

找到你的方向

「這——現在是我的路，——你的路在哪？」向我問「道」的人，我如此答覆。畢竟「道」——不存在！

換句話說：人們常常問我怎麼做某事。我告訴他們我怎麼做，再問他們打算怎麼做。畢竟做事情不會只有一種辦法。

尼采的哲學強調：看待事情的方式很多，生活方式也不一而足，這套心法叫「觀點主義」。我們認爲打造事業和當創業者的方式多采多姿，於是把觀點主義套用在創業之道上。在本書裡，我們刻意提出前後矛盾的建議，也提及在科技之星（Techstars）創業計畫觀察到的「導師鞭策」想法。不論你收到怎樣的忠告，到頭來你只能在自己和公司選擇的路徑上做最終決定。

你有沒有想過，經驗老到的生意人置身某個情境時，怎麼知道哪個是對的答案？乍看之下，他們常常滿篤定正確的路是哪一條，可能也會建議你走同一條路。做生意的經驗引領著他們的信念，可是他們有對一個具有代表性的樣本進行經過控制、不偏不倚的研究嗎？每種看法都有它成立的條件，他們有沒有詳盡檢驗過它們的想法在怎樣的條件範圍內才有效？包準沒有。少數情況下，有學術研究顯示某些做法成效較佳或較差，但就算是這樣，要主張人應該採取某個明確的行動，或者這個行動適用於什麼樣的情境，恐怕還是很難說死。

大多數時候，生意人的經驗和智慧來自道聽途說，或是沒有根據的中心思想，而不是鐵錚錚的實證。從機器學習這個領域，我們了解到：手上的資料越多，推導的成效越好，所以一個人世面見得多了，只是出自直覺的見解說不定也會有點道理，但能搭配統計的話效果就更好了。

舉例來說，假如有一個經理人在好幾個組織都打造了規模龐大、屢創佳績的銷售團隊，他僱用銷售人員的直覺多半有點門道。相較之下，建立過大規模成功事業的人，或許能協助你思考獨門策略、知道什麼樣的策略適合你，可是那是不是正確的策略，此人絕對不可能有十足把握。見識過許多策略的投資人，大概比你更加洞悉錦囊裡其他策略的特點。儘管是這樣，也絕對別忘記經驗關聯的是過去，但世界一直在變，何況變動的頻率與日俱增。

比起幾十年前，創業精神的落實，在今日更加專業也更標準化。標準化的資金來源有所成長，這裡談的不只是創投，還包括天使投資人的網絡和企業加速器*，不免讓人覺得走到哪裡都是同一套做事方式，全都遞來同一式投資條件書，董事會的結構都差不了多少，聚焦的科技類別也不謀而合。事情會如此演變，一部分是因爲投資人想幫自己省點心，此外他們也想提升商業成功的機率。當然，這裡的成功是他們定義的成功。不靠外部金援，也不靠加速器的計畫，白手起家建立事業，才算今日反骨創業者的表率。

就算眞有那麼一種經營事業的正確方式（多半不存在），沒有人能篤定那到底是什麼招數。提出建議的人有他自己設

* 編按：新創公司為了加快成長步調，會加入所謂的「加速器」整合創業資源，加以學習、接受輔導訓練，並向眾多創投公司簡報，以爭取投資機會。

定的議程，有他獨一無二的經驗，於是進入你耳裡的建議變得精彩絕倫，但也因爲如此，你必須找出自己的路。

照自己的方式做事，要是拿捏不好，就會犯下新手等級的錯誤。第一次創業的人，往往堅持世界運行的方式在某些方面有錯，好不容易有自己的事業，便費盡力氣要另闢蹊徑。結果十之八九並非世界被改變或改善，而是創業者嘗到血淋淋的教訓，明白世界之所以那樣運行，有它的理由在。閱歷豐富的人所能給你的最佳建議，說不定就是直接了當告訴你別人都是怎麼做某件事。這樣的建議，其實得來不易。

不管你企圖在哪一塊領域創新，都免不了要付出一番努力。假使你想做的生意不僅提出一種新產品，組織結構也前所未見，派送方式聞所未聞，融資策略也獨一無二，那祝你好運，我們敢說，當你在其中一個領域陷入苦鬥的時候，也會輸掉其他領域的戰役。想征服歐洲的人，絕對不會嘗試東西線同時開戰。

取捨是免不了的。打造和經營事業沒有不二法門，你必須找出自己的方式，但這不表示你靠「任何一種老辦法」對付卻還指望辦法會有效。如果你在太多領域創新，四面八方的絆腳石會讓你跌得四腳朝天。尼采說不定會欣賞這種逆境，但你要記得：他寫作不輟的生涯裡不但沒沒無聞，書也沒有賣幾本。

關於走你自己的路的意涵，更多討論請見〈偏離常道〉〈兩類領導人〉和〈後果〉。關於閱歷豐富的顧問能怎麼幫助你避免犯下新手錯誤，更多討論請見〈成熟〉。至於評估你從投資人和其他人那裡收到的忠告，想進一步了解該如何評定其價值，請讀〈強烈的信念〉和〈紅得發燙〉。

既然資金有限，那就專心拉攏合作夥伴

丹尼爾．班哈莫（Daniel Benhammou）/ 智慧城市平台 Acyclica 創辦人和執行長

我的第一家新創公司叫 Hamilton Signal，啓動金來自跟家人和朋友籌的一點小數目，大部分還是我自己的錢。少了資本挹注，成長似乎裹足不前，我本人總為打平收支忙得團團轉。出售 Hamilton 的時候，它仍舊是一家小公司，所幸我保住了大部分成果。

幾年後，我創立 Acyclica。這次我帶著計畫去找投資人（有天使也有創投），盼望挹注進來的資金能讓我大步向前，不必每天為現金流發愁。我的新生意是向公家機關兜售科技，改善交通、減少塞車，但投資人不相信這是一門好生意，畢竟跟公家機關打交道，銷售周期勢必冗長，我們能否迅速攻城掠地、拓展版圖，也讓他們存疑；投資人每次都會質疑的市場規模和差異化，這回當然也沒漏。

當時我堅信，把產品做好、賣好，就能讓投資人見識到這塊市場的潛力。於是我再度從零開始，帶領團隊讓公司成長到營收 300 萬美元、客戶基礎穩固，而且還有分銷的網絡。這時我準備好回頭找創投了。我把募資簡報修了又修，諮詢朋友和顧問，開始跟有可能投資我們的人碰面。

這次的經驗跟先前的嘗試像得可怕。雖然我們已經把成功擺在潛在投資人眼前，要他們投資一家客戶在公部門的公司，還是有重重顧慮。我專心募資募了 6 個月，曉得再這樣緣木求魚不是辦法，於是把心思重新放回事業本身。既然資

金有限，我們就專心拉攏合作夥伴，這招不必砸重金，但還是能讓我們擴張銷售、分銷和客戶支援，每分錢都起到作用，而且及時見效。

話說回來，跟創投、私募股權投資人、對公司有興趣的買家，開了一場又一場會，有些問題固然是好問題，但我多半不會拿來為難自己。思考這些問題的過程，讓我們聚焦在持續搜集來的資料中的策略價值。我們的終端用戶還是以公部門為主，但實質上已經轉做資料的生意了。Acyclica 的價值建立在資料上，建立在我們強健的公部門客戶網絡上。對此我仍舊滿懷期待。

做顯而易見的事

也稱得上英雄。——這裡有一位英雄，別的不做，果實一成熟他就搖那棵樹。你覺得這微不足道嗎？嗯，你就看他搖得是怎樣的一棵樹。

換句話說：有些人做了現在看來平凡無奇的事而成為英雄，豪情有因此減損嗎？請看成果。

新創公司在正確的時間、出現在正確的地方，就這麼成功了。那家新創是怎麼抵達那個地方、過程如何艱辛，從做生意的角度來說不是很重要。

今日的世界競爭環伺，啓動新冒險、尋找機會的過程都已經成爲專業，可以按部就班完成，一顆「果實剛剛成熟的樹」可遇但不可求。換句話說，一個還沒有人解決的商業問題恐怕不會只等著你來解決，通常會有其他創業者也看到了相同的機會。就算不是這麼一回事，投資人沒看到競爭者，心裡恐怕也會亮起紅燈，這可能意味著沒有市場、時機太早，或者創業者對其他人在做什麼太沒有警覺心。

有些創業者設法找到還沒有人發現的成熟果實，但在這個產業或擔任的角色上，他們通常都是該領域的專家，因爲人在制高點，新機會到來時才有能力分辨出那是新的機會，也讓他們洞悉有效的解決方案，而且解方還能吸引同病相憐的潛在顧客。許多同樣身在該領域的人或許也注意到問題，但有能力或是有動力找出解決方案的卻是鳳毛麟角。

如果你是某個領域的專家，不須四處張望了，專心解決你每天都遇到的某個大問題就好。如果你是創業者，但不是某個領域的專家，那找到一位專家與你共事，會讓你事半功倍。這位合夥人會助你找到等著人去開發的機會，避開不熟悉該領域所導致的錯誤，免走冤枉路。說到底，有領域專家當你的合夥人，形同你省下學習該產業的結構、掌握前提假設，還有了解產業山頭的工夫，那可能是好幾個月，更說不定是好幾年。最重要的莫過於，這位領域專家能幫你處理某個現成待解決的問題。

就算創業者不具備領域專長，還是有可能搶在別人前面找到現成的機會，這需要運氣之外，迅速試驗、測試假設，然後迭代，三者缺一不可。精實又敏捷的創業公司先鎖定一個籠統的領域，探索產品可以如何變化，也探索市場，進而找到彼此契合的產品與市場（product/market fit）。有時機會伸手可及，但不見得總是那麼順利；有時創業者捷足先登，但他也會有慢人一步的時候。

找到「成熟的果實」只是起了個頭，接下來，你還要「搖那棵樹」，投入那個想法，打造產品、客戶群，還有組織，這就不是人人都樂意做的事情了，不過這也是你之所以稱得上創業者——稱得上英雄——的理由。

關於尋找成熟機會的過程，更多討論請見〈資訊〉〈觸底〉和〈玩得上手，展現成熟〉。

任何有膽識真的起頭做事的人，都應該分到一些功勞

傑森．曼德爾森（Jason Mendelson）／風險投資公司 Foundry Group 榮譽創始合夥人、併購諮詢機構 SRS Acquiom 的共同創辦人

讀完我的故事，你會明白我為什麼不認為自己是什麼英雄。我認為任何有膽識真的起頭做事的人，而不是埋怨某事的人，都應該分到一些功勞，而我呢，我當時不過是在幫自己解決一個大麻煩而已。

一家公司併購另一家公司的時候，鮮少在交割時付清收購價金，幾乎都會有一部分資金交給「履約保證」*，萬一交易中有部分聲明無效時，還能保護買家。舉個簡單的例子：出售的公司欠某供應商一筆款項，金額其實比資產負債表上載錄的還多，或者交易中包含盈利結算（earn-out）或其他交割後才發生的流程。因應這樣的情況，交易文件中會指派一位「股東代表」反映待售公司股東的利益。歷史上，這樣的委派屬於後見之明，最後一刻才由出售方的股東推派一位「自願」擔任。

我於 2000 年受僱為 Mobius 創投公司（當時叫軟銀科技風投）的總法律顧問，公司管理的資金有 25 億美元。當時有幾家小型風險投資公司設有總法律顧問一職，不過大型基金沒有這種做法，所以當我們的投資標的被收購時，我理所

---

* 編按：指一種代管契約。由買賣雙方的第三方保管某特定文件、契約、金錢、證券或其他財產，當特定條件成就或法律事件發生時，該第三人即將其保管物交給特定之人。

當然被指派為股東代表。這只是律師工作的一環罷了。沒幾年，我就成了 30 多家公司的股東代表，而且多半是第一個大規模經歷這種情況的人，因為以往指派股東代表一事會分散在較多人身上。30 多家公司的股東代表當然是可觀的工作量，但還應付得來，我於是成為股東代表領域的專家。

在一宗牽涉 2 億美元履約保證、影響深遠的大型交易中，我是股東代表。交易有明定一個日期，買家如果對託管契約有任何異議，須在該日期前提出。死線過後幾天，我收到一通聲明，要求全額託管。我告訴買家他們不幸晚了一步，聲明發得太遲了。於是他們提告賣方，也告我，求償 1500 萬美元。真是股東代表一職的全新感受。

那個節骨眼上，我正在處理搬往科羅拉多州的大小事。搬家是為持續待在 Mobius 的職位上，也是為了跟一些合夥人共同創立一筆新基金，亦即 Foundry Group。小事之一是辦一支該州號碼的新手機，結果我在 AT&T 的門市刷卡被拒，原因是那件官司上了我的紀錄，除此之外信用報告完美無瑕，但無濟於事。這一刻我頓悟了──我辦不成新手機，因為我是股東代表！

我十分投入 Foundry Group 的工作，但當時的募資情況並非一帆風順。我決定開家公司來解決我的股東代表問題，而且──誰說得準呢？──要是募不到第一筆資金，這家公司說不定能充當備案。我知道其他總法律顧問也開始遇到類似的股代問題，更何況對上買方，賣方股東通常不利，畢竟他們鮮少能推出一位老練的代表。99% 的併購交易裡，有一位「出事找他」的第三方股東代表對賣方總有好處。這就是 SRS Acquiom 要從樹上採收的「成熟果實」（SRS 的意思是「股東代表服務」〔Shareholder Representative Services〕）。

我無法從 Foundry 抽身、沒辦法自力經營 SRS，需要找個共同創辦人和執行長。我心裡有幾條判準，知道朋友兼同事保羅·庫尼克（Paul Koenig）是最佳人選。唯一的問題是，保羅自己的法律事務所（門上寫著他的名字）才開張不到 2 年，所以他猶豫了 3 個禮拜才點頭答應。

SRS 如今是股東代表服務的龍頭。保羅是傑出的執行長，此外，他有勇氣離開穩定、利潤豐厚的職涯，離開一手創辦的法律事務所，實在是個英雄。Foundry 在 2007 年募到第一筆資金，我則能把股東代表的責任統統交給 SRS。此後，我再也沒有被指派到那個職位，而且我想要哪支手機或門號，都不會被拒絕了。

克服障礙

受阻而訝異。——終於進展到能看穿某物的地步，我們就以為此後這事物不會再成為阻礙，繼而發現，雖然看得穿卻穿不透，於是大吃一驚，就跟玻璃板上的蒼蠅一樣蠢，一樣吃驚。

換句話說：我們認為理解了一件事，那件事就肯定難不倒我們。當事情按預期發展卻對它束手無策，會讓我們大為訝異，這就跟反覆撞上窗戶玻璃的蒼蠅一樣愚蠢。

創業之道，有時就像在跑障礙賽。試著跨出一步，總有東西擋住前路，不得不設法解決或繞道，於是計畫總是趕不上期望。

創業者多半樂觀，不但清楚要往哪去，也有抵達目的地所需的信心和熱情，可是一旦出現意料之外的障礙，就會讓你錯愕。尼采把這種心情捕捉得很好，簡直聽得到想飛出屋外的蒼蠅朝玻璃猛撞的聲響。

要打破這種模式不容易。你必須爲團隊設定大膽的目標並達成，然而你也知道過程中會出現事前盤算不到的阻礙，光是一試再試不見得管用，兩相衝突，總有一方會落空。

這個問題沒有萬靈丹，但有第一步，那就是遇到阻礙時別再又驚又怒了。

第二步是要認清，某些情況下再怎麼撐也是枉然。有時候事情只是比你預期的更費周折，或者有時你的做法根本就錯了。不妨延伸玻璃窗的隱喻來說明。說不定窗戶是開著的，或許稍微找一下就能找到敞開的邊角；說不定窗戶是關著的，唯一的辦法是整間房子到處飛，另尋出口。找別條路之前，你還會朝同一片窗撞多久？

這個問題也沒有篤定的答案。不過，既然你察覺到死撐不一定是正解，改變策略也未必不正確，那你的勝算已經增加了。有時歷練深厚的顧問能協助你評估要做什麼才好。

一頭撞上玻璃的時候，別錯愕。要是真的撞上了，認真思考什麼時候該改變方向，方向該轉多少才能繞過它。

關於歷練深厚的顧問，更多討論請見〈成熟〉。關於堅持，有一個不同的切角，請參考〈顛覆的耐性〉還有〈堅定不移的決心〉。

不買單，就下車，公司會繼續向前

勞夫‧克拉克（Ralph Clark）/ 槍擊檢測公司 ShotSpotter 執行長

ShotSpotter 打造可以互相組合的硬體和軟體系統，能偵測和定位槍擊，發出警示，既能減少犯罪還能拯救性命。我加入這家公司當執行長，那時銷售和部署的策略不太講究技巧，就是找市政當局作為企業銷售，談得下來的客戶多屬美國比較嫻熟科技的城市和警察部門。一旦賣進去，安裝好裝置和軟體之後，顧客就得自食其力，我們只提供技術支援和維修。

對創始團隊來說，上述這套銷售辦法似乎是顯而易見的成功途徑，但銷量沒有往上衝，我們「撞上窗戶」了。我花了大把時間，想從既有的客戶、以及沒有採用這套工具的潛在客戶身上找出原因。結果十分有趣。客戶說他們熟悉科技，但我仔細追問，發現他們科技方面的技能集中在很窄的範圍，資源也有限。實務上，要把迥異於他們技能的新科技融入工作中，他們的能力不夠。

我也了解到客戶其實沒有積極使用我們這套系統。我在訪談中探詢此事，設身處地聆聽客戶的弦外之音，他們似乎認為導入系統後，他們會兩面不是人。ShotSpotter 的每次示警不見得都真的是槍擊，既然要檢測，研判的一方就要負起責任。如果客戶回應了誤判為真的警報，那資源就浪費了；如果他們沒有回應確實為真的警報，說不定會枉送人命。遇到緊急事變，警察部門常常要為他們的判斷背黑鍋，自然抗拒新的不完備資訊來源。

我的解決方案是撤換商業模式，決定改由我方管理全部軟體，部署和維護硬體也都由我們負責，讓 ShotSpotter 成為訂閱制服務。最重要的是，我們會設立作業控制中心，監控系統觸發的所有警報，逐一研判，只有極高機率是槍聲的個案才回報給適合處理該狀況的警局。

我相信這套新策略會打開新窗口，可是想出辦法後，我猛然撞上自己的障礙。雖然商業模式改頭換面，我們的團隊卻沒有打從心底買單，不苟同我對市場的解讀，打算繼續嘗試企業銷售策略，頂多做點小改動，或者再加把勁就是了。有些業務員積極抵制，其他人陽奉陰違。

於是我接著做了一個更艱難的決定：我的新策略是正確的，不買單，就下車，公司會繼續向前。我邀集全體同仁發表演說，解釋我們已經登陸新天地，而且放火燒了船，絕無走回舊策略的可能，整家公司都賭在新策略上。幾個人離職，不過留下來的人齊心協力轉向，要把新策略做起來。所幸新策略證明是正確的，如今 ShotSpotter 在全世界拯救人命。

顛覆的耐性

小劑量。——想促成盡可能深遠的變革，解藥一次只能施打微小的劑量，但毫不間斷，維持長時間。壯舉哪有頃刻成就的？

換句話說：按部就班，持之以恆，長時間努力不懈，才能創造根本的變革。羅馬不是一天造成的。

你們剛創立組織拚事業，正嶄露頭角，動作飛快，而且在髮夾彎都能轉方向。你們的文化經過開除和招聘，可能會迅速而劇烈地改變。

你們不是因爲改變世界的雄心才這麼趕，而是因爲來不及達成正現金流，或者來不及籌到資金，錢就會燒完。你開局小有所成，憑運氣或意志力獲得早期的顧客，或是搏得媒體正面報導。

世界就是動得這麼慢，任何改變，人們都是百般不情願，或許你會爲此挫折，不過眞正的顛覆需要時間。

阿瑪拉法則（Amara's Law）如是說：「人們總是高估一項科技所帶來的短期效益，卻又低估它的長期影響。」

潮流不時造成一個產品迅速成功，可是一旦跟風仔轉向下一個新玩意兒，成功往往也一夕消散。風潮能讓人狠撈一票，不過你要夠幸運才能造就時勢，更要能抓到精準的時機脫手。

顛覆需要耐性。你的策略必須同時考量可預期的抗拒，以及你的解決方案深植商業流程或消費者的生活風格所需要的時間。諸如技術成熟度曲線（Gartner hype cycle）* 等可靠的典範指出，眞正的變革需要長時間，即使在乍看之下時來運轉的產業也是一樣。

爲了顚覆產業，你對公司和產品都有遠大的願景。你能想見商業客戶在各個組織裡使用你公司的成果，以及消費者在生活的方方面面，每天使用你家產品好幾次。腦袋裡當然要有願景，不過你拿出手的產品要簡單易用，立刻解決單一問題；顧客毋需接納你完整的願景，就能獲得這項好處。照這個辦法步步進逼，獲取越多客戶越好，期間再按照你們鎖定的不同分眾，加入爭取這批人需要的其他細部功能。持續擴大產品的功能，一邊朝願景邁進，同時專注於立刻就能提供好處的功能。時間過去，這些「小劑量」會累積。顧客的行爲終究會有足夠的改變，讓你能著手說服他們接受遠大的願景。

以改變需要10年爲前提做計畫。能夠理解你的長遠視野，而且有辦法支持這番耕耘的投資人，才讓他們投資。還處在「毫不間斷地施打解藥」的早期階段時，做好計畫，資金不要燒太快。

關於堅忍，更多討論請見〈堅持〉〈持續惕勵〉和〈執著〉。關於將願景付諸執行，請見〈天才〉和〈計畫〉。

---

* 編按：又稱技術循環曲線，用以了解某項新興科技或技術的應用與發展周期。

還要再等 10 年，
我們顛覆市場的價值才有辦法實現

甄妮·洛頓（Jenny Lawton）/ 新創加速器 Techstars 營運長

顛覆產業這檔事，我曾數次參與其中。初期好大喜功，一心一意朝著這個目標前進，只會危害到事業。

我的第一家科技公司叫 Net Daemons Associates（後文簡稱 NDA），創立於 1990 年代初的衰退期，是一家提供各種專業服務的公司。我們支持電腦網路，跟網路服務供應商合作，在早期的網際網路傾注全力。我們也是打造生動網站的先驅，像 Monster Board（現為 Monster.com 怪獸人力網）就是客戶之一。NDA 的成長軌跡類似網際網路早期成長的情形，只是我們沒有外部資金，手頭有多少錢可用，取決於我們賺到多少。雖然成長飛快，也占了網路泡沫的便宜，我們從沒得意忘形，總是知道有需求存在，才會推出科技或服務。

1999 年，我們了解到世人把我們定位在價值連城的市場分類裡，決定出場。我們開始跟 SAGE Networks 談併購，這是同業併購，總體的使命是成為世界最大的網頁代管和應用服務供應商。我們是這 27 宗同業併購裡的第 15 家公司。

併購案交割隔天，SAGE 同意收購最大的辦公室通訊軟體 Lotus Notes 主機代管公司 Interliant。公司的總體規模翻了一倍。我們改名 Interliant，不久公開上市。我們一飛沖天，處在一波浩大顛覆潮的風頭浪尖，一切都有股市泡沫罩著，所以一發現網頁代管公司，我們就馬不停蹄地併購這些同業。

在 Interliant，大家不把做生意的基本道理當一回事，畢竟還有那麼多時間可以賺錢、弄清楚市場的脈動，何必杞人憂天。網際網路剛蓬勃發展的時候，那種例行事務實在讓人提不起勁；屢戰屢勝、迅速拿下市占率，才是要緊事。

但我們跟其他失敗的公司都搞錯了一件事，那就是世界其他地方的時間線跟我們不一樣。到處都能上網的支援工具還不存在，貨真價實的市集還不存在，在線上做生意一點都不容易。沒有電腦的人還很多，手機還只是電話，摩爾定律*的魔法還沒在螢幕、電池和運算能力上展現。我們的確已經創造出世上最大的主機代管公司，但我們超前消費者採用曲線太多，還要再等 10 年，我們顛覆市場的價值才有辦法實現。

市場泡沫炸開了，等到塵埃落定的時候，我們已經身在新世界了。這裡的人又在乎利潤了，僅僅是營業額的成長不足以成事。我們顛覆了一個快速成長的市場，這無庸置疑，可是，我們沒能在一飛沖天的時候勇敢往下跳，取得營運上的成功。

---

* 編按：是由英特爾（Intel）名譽董事長戈登·摩爾（Gordon Moore）經過長期觀察發現得之。摩爾定律是指一個尺寸相同的晶片上，所容納的電晶體數量，因製程技術的提升，每18個月會加倍，但售價相同；晶片的容量是以電晶體（Transistor）的數量多寡來計算，電晶體愈多則晶片執行運算的速度越快，當然，所需要的生產技術越高明。

觸底

最高的山是怎麼來的？我曾問。才知道最高的山是從海裡升起的。山裡的石頭和峰頂的岩壁上，都銘刻著見證。能潛多深，就能長多高。

換句話說：我想過最高的山是怎麼來的，我明白山是從海裡升起的。山上的岩石和山巔的岩壁上都有證據。最高的事物，起點一定非常低。

偉大的成功，往往要先經歷劇痛才能企及。這既是尼采的核心原則，在創業之路上也屢見不鮮。許多成功的創業者都至少失敗過一次，許多偉大的公司都經歷過難以爲繼的時期。這當中有什麼道理嗎？抑或只是統計結果罷了？

事業一帆風順的時候，大部分的人不會花工夫反思。我們會思考採取的行動，修正路徑，但很少質疑基本前提。畢竟東西沒壞，爲什麼要修呢？

諸事不順，或是感受到痛苦的時候，我們才會全神貫注。可能是集中於這門生意的基礎假設，或是審視自己心智的運作方式，繼而正視自己行爲的黑暗眞相。

身陷低谷，就是通盤重塑思考結構的機會。不妨從掂量新價值開始，你追尋的機會到底是什麼性質，想想看能否提出新的假設；身爲領導者，想想你對這份職責有沒有新的看法。說不定你會重新評估自己適不適合當領導者或是創業者。老辦法不管用了，嶄新的切入方式說不定能奏效。

深刻重新評估不保證成功，只是給自己一個機會。話說回來，我們鮮少聽說哪家公司、哪個創業者跌入谷底、改變方針或是失敗了，這是因爲海床總是在海面下，但這仍然是一些偉大成就崛起的機制之一。創業者開始眞誠地質疑基礎的議題，而且這次已具備可觀的經驗，那些經驗正是尼采所謂「山裡的石頭和峰頂的岩壁上，都銘刻著見證」。

身處低點的時候，上述想法既是慰藉，也是導引。然而，如果你並非處在低點——萬一你經歷的其實是平凡的成功，好像是局部極大値了，那該怎麼辦？這是做生意最艱難的抉擇之一。拿「好」去冒險以求「偉大」，沒有某種秉性做不到，而這也是投資人（他們尋求的是超乎尋常的報酬）跟創業者最常見的齟齬。你我都知道尼采會怎麼說，但就如同前文說過的：他在世的時候根本沒人讀他的書。

關於從失敗中學習並東山再起，更多討論請見〈連續創業之道〉〈資訊〉和〈經驗得來的智慧〉。關於設定高遠目標，更多討論請見〈壓勝〉。關於身陷低谷時的慰藉，更多討論請見〈反射你的光芒〉。

往下跌的過程雖然格外痛苦，卻也迫使我們毫不留情地重新評估，奠定成功的基礎

華特・納普（Walter Knapp）/ 線上廣告平台 Sovrn Holdings 執行長

2010 那年，我在 Lijit 廣告服務公司擔任營運長，設法幫客戶清算並拍賣掉他們賣不出去的廣告存量，幫客戶賺了更多錢。這個收益基礎既穩固，成長又快，於是我們順利出售給一家大得多、根柢也更穩固的公司 Federated Media，公開上市看來十拿九穩，我們每天都過得興高采烈。

快轉 2 年，好景不再。併購整合不順利，生意慘不忍睹，走了好幾位高管，當執行長的機會交到了我手上。

好不容易，我們賣掉了 Federated Media 那邊的事業，清理了資產負債表，倖存的團隊得以重新聚焦，差不多就是砍掉重練。出售母公司留給我們兩大資產：銀行裡的滿手現金，還有忠實顧客群——不過我們還在虧錢就是了。我們從頭來過，把公司的名字改成 Sovrn。留下來的員工經歷成長、併購，希望一飛沖天又如雲霄飛車重摔入地，全體一度「炮彈休克」*，但總算有了嶄新的開始，那時我對未來寄予厚望。

不料那還不是低谷。2014 年初，一篇調查性質的文章刊出，宣稱我們害下廣告的人可能買到造假版位。這在當時就是業界廣泛的問題，何況我們還部署一套精巧系統來反制，然而

---

* 編按：創傷後壓力症候群。

我們網羅的品項太多，詐騙集團花招百出，難免有漏網之魚。

儘管文中的指控從未證明屬實，但我耿耿於懷。我不想做這種會促成非法活動的生意。我們祭出鐵腕措施，所有來路不明的流量一律切斷，寧可錯殺，絕不姑息。這些剔除的流量大半就流向我們的競爭者，他們比較不在乎潛在的詐騙，可望入袋的營收更讓他們感興趣。

不到 3 個月，我們的營收運行速度跌了將近 6 成，現金出血不止，瀕臨極限的員工紛紛失去信心。別無選擇之下，我們只好裁員，縮小規模，看能不能在獲利的情況下繼續營運。我以為之前的士氣夠低了，這時裁掉一批人，營收狂瀉，團隊露出創傷後壓力症候群的跡象。這家公司一度公開上市有望，現在卻淪落到每天都在存活邊緣掙扎。

但接著有趣的事發生了：我們的營收開始成長。一開始成長還很緩慢，但接著變得飛快。就在我們縮小規模那陣子，廣告市場終於開始面對流量品質和惡意的詐欺問題，這兩件事都重重傷害廣告主付出每一塊錢所得到的價值。大型廣告業主使用的採購演算法發現，我們過濾流量遠比競爭對手積極，如果他們想接觸到有血有肉、把時間和注意力放在內容上的人，自然會來找我們。這些在乎品質的顧客又再度從我們的服務賺到更多錢了。我們在冒不起險的時候大舉革新，重新建立信任，憑我們能引以為傲的服務內容，掙回生意。動能回來了。

我們不斷地迅速成長。如今這門生意還是會面臨新的逆風，這是商業的日常，但我們對品質的堅持和堅忍不拔，業已「銘刻在我們的石頭上」。當別人不在乎的時候，我們不計風險，潔身自愛，所幸奏效。往下跌的過程雖然格外痛苦，卻也迫使我們毫不留情地重新評估，為我們現在與未來的成功，奠定了基礎。

無聲殺手

最偉大的事件——不是發生在嘈雜的時候，而是宛如靜止的時間裡。世界不是繞著發明新噪音的人轉，而是創造新價值的人。世界的轉動是聽不見的。

換句話說：偉大的事件發生於靜默而非喧囂。世界靜靜繞著創造新價值的人轉，而非大呼小叫的人。

你是不是花了大把精力，設法讓人看見你的事業，不斷爲它發聲？如此運用時間，值得嗎？

有一派人篤信，成功和成長要靠無所不用其極的鼓吹才行得通，科技業尤其如此。爆紅的服務要先大張旗鼓才能獲取顧客，在世人眼裡「當紅」有助於募資時拿到更誘人的估值。大家都把你掛在嘴上，吸引員工和合作夥伴也更容易了。

另一種路線是當個「無聲殺手」，大部分時間裡悶不吭聲，埋頭做產品、服務顧客。地緣相近或是相關科技社群裡或許有人知道，但絕對不是家喻戶曉的名字，至少目前還不是。這些公司是因爲所作所爲被世人看見，不是因爲發表過的言論。

只要時機、場所適當，那麼適量的能見度肯定有益處，這沒什麼好爭辯，我們想討論的是輕重緩急。把創造聲量——「發明新噪音」——列爲首要任務，這樣的策略有不小的風險，因爲世人本該熱衷你將來要傳遞的價值，你卻拿來抵押。你終歸要把價值交付給顧客，藉此讓投資人、員工和合作夥伴共享那份價值。事情就是這樣，躲也躲不掉。

公司的能量該投注於打造產品，花時間弄清楚你的產品是哪裡成就了顧客。要是你的公司把能量和專注導向創造聲量，難保不會顧此失彼，何況激情和追捧會上癮，久了連你自己都想加碼做到底，偏偏產品可能要花上比你預期更久的時間，才能找到合適的市場。要創造解決顧客問題所不可或缺的產品，恐怕沒那麼容易。你已經把世人的激情和期待拉得這麼高，不幸這裡拖一些，那裡延一點，失望在所難免，但要再讓人們重拾期待就難了。

多跟顧客談，而不是媒體；激勵你的工程師，而不是記者；等待水到渠成的曝光，而不是多方請託。當記者和部落客來跟你接洽，而不是你去跟他們接洽，這時你就有把握自己是「創造新價值的人」，那就是你的「偉大事件」。

關於盡力避免成爲產業「話題」的討論，更多相關請見〈預見未來〉。「最寂靜的時刻」的另一種面貌，參見〈內向者〉。關於經營公司不要操之過急，也見〈顚覆的耐性〉。

聲響不見得會拉抬你的聲勢

馬特·艾里斯（Mat Ellis）/ 雲端成本管理公司 Cloudability 創辦人

聲響不見得會拉抬你的聲勢。

「這事我看該找律師了。」我收件匣裡那封電子郵件，就像盤子上最後一塊餅乾，沒人想拿。

在工程和產品密集下了 2 年的功夫，我們近期把焦點轉向進入市場。銷售換了一個人掌舵，走了一批人，沒辦法，新官上任三把火嘛。

那時，一家競爭對手正把我們的前員工一一聘走，還沒聘成的就持續下工夫，好巧不巧被我們發現。我們所在的州不能強制執行競業限制條款，儘管如此，我們對離職員工仍慷慨大度，聽聞這消息，我們情感上受的傷遠多過真心煩惱，畢竟向競爭者點頭的大多是我們想請走的人。自願離職者則眾口同聲告訴競爭者要朝哪裡發展。

這同一家競爭對手還試圖註冊測試帳號。我們的使用協定禁止逆向工程，我們也不想要有人在那邊東看看、西看看，看我們打算做什麼。你們運用對我方系統的知識，繞過我方試圖阻止別人這樣做的過濾器，這比向競爭對手投誠還過分。大家都想掏傢伙開幹，團隊已經受夠了。

「背骨會讓人不爽，但這是背信忘義了！幹。」電子郵件還開在那邊，而我必須決定要怎麼回應。

我們開創了自己的市場定位，雖然擴張失敗，但失敗前毫無疑問是領導品牌。有 1、2 年的時間，我們一邊撐，一邊重起爐灶，新進者得以迎頭趕上，導致現在陷於兩面、甚至三面受敵的窘境，不小心就會丟掉小命。

身為披荊斬棘的先行者，我們向來不跟人一般見識，硝煙都是過眼雲煙，產品會大放光芒。要把同事當成競爭對手，還真是意料之外的發展。以前還真沒經歷過這種不忠不義，就算我們有強韌的文化，也變得對人不對事了。

「下次線上團隊聚會必須討論這個。」又有人說。

我帶人，懂得體察部屬的情緒，向來也以此自豪。有時你就是要有所為，對，領導就是這麼回事嘛。每張臉都殷殷期盼你出手，做什麼都好，而我也確實被惹毛了。最近這批背骨仔的電郵地址在手，隨時可以寄給他們一封「我對你很失望」的沉痛通牒，但我多半永遠不會寫這封信。幹嘛呢？不會有什麼好事發生的。但我靠，肯定很爽！

想了一會兒要做什麼，我察覺一股深刻的決心，絕不要被這些事情牽著鼻子走，而是要繼續專注我們的生意和顧客，天塌下來也不參與涉及法律和半公開的對罵，只會賠了夫人又折兵。

「律師擬了信要寄給這票叛徒，你再檢查一次好不好？」

這件事再下去夜長夢多，該是喊停的時候了。

預見未來

氣象先知。——流雲透露高空的風向；最輕盈而自由的精神，它的軌跡預示未來的氣象。谷底的風，今日的街頭巷議，只著重過去，對未來不起作用。

換句話說：雲的動態顯示高海拔的風向。同理，精神輕盈又自由的人顯現了未來的趨勢。當下的事件和輿論只能告訴我們過去的種種，沒辦法據以了解未來。

你的注意力是珍貴又稀少的資源。非不得已，不要聽取無關緊要的雜訊，就如引文，尼采用風來比喻雜訊以說明這一點。他指出，真正有遠見的人不會浸淫在日復一日的公眾論戰裡，反之，他們運作在不同的境界上。

許多創業者深陷時事的紛擾喧囂，尤其在他們自己的事業領域陷得更深。你所屬業界的新聞報導、內行評論，好像都跟你切身相關，畢竟題目是你在行的題目，人物或公司你也認識，如同業界聚會上的對話，聽進去可能會影響你正要做的決定。有時，那些新聞、評論、對話裡還挾帶了劇情、衝突、八卦，甚至拿別人的不幸取樂，引人入勝，繪聲繪影，但就是沒什麼用處。

長久以來，人們和公司借重這些心理學上的傾向搏取你的注意力。1980 年代的黃色新聞時期，報紙善用簡短犀利但往往負面或誇大的標題，精心讓人覺得這條新聞跟自己有關，而且高潮迭起。近年來，隨著全球資訊網普及，繼而是部落格，再來是社群媒體，最後是商業媒體的營收難關，人人都在爭搶你的注意力，場面空前慘烈。「谷底的風」颳得可兇了！然而經由這種方式來到你面前的資訊，絕大多數都是跟過去有關，就連年終預測和口耳相傳各家公司正在打的算盤，都很少放眼未來。

你該多斟酌，別對最新消息和八卦反應過度。你的事業不是當日沖銷。打造一家能長年自給自足的公司，你需要不受短期心態起伏、市況冷熱所牽制的方向與策略。這不表示你該完全忽略時事，然而時事不該對你公司的行爲起到不成比例的影響。

要理解流雲去處，請花大把時間傾聽顧客和潛在顧客的心聲，別只問他們目前需要什麼，要問他們認爲事情會朝哪個方向發展。顧客不見得永遠是對的，前言或許對不上後語，可是綜合聽到的內容，你或許能從中累積一些牽引力，說不定能把你造就成「最自由的精神」，由你設定走向未來的路徑。此外，那些專注於長期，不直接涉入公眾議論，而是由行動展現方向的人，請向他們看齊。這些人不談論業界，但他們才是業界，因爲他們不對未來高談闊論，而是朝那個方向積極前行。

關於控管你自己製造出來的雜訊，參見〈無聲殺手〉的討論。跟上市場的另一種切角，參見〈兩類領導人〉。關於採取長期觀點的更多討論，請見〈顛覆的耐性〉和〈里程碑〉。關於某一市場的領域專長，更多討論請見〈做顯而易見的事〉。

繞著商業模型「最佳實務」打轉的雜訊，全都讓我們分心

蘿拉・里奇（Laura Rich）/ 線上數位媒體公司 Street Fight 共同創辦人和執行長

Street Fight 以前是（易主經營之後仍然是）專攻超在地行銷大小事的數位媒體公司，自有其穩定的需求存在。大家都知道媒體業大環境慘澹，人人都在找新的商業模式。市場青黃不接的關頭，公司彼此觀察，看看做什麼才能救亡圖存，這是常有的事，我們也不例外。

我們 2011 年時開始構思 Street Fight，當時數位媒體公司大部分心力都還放在廣告的營收上，但不論哪種形式的廣告全都欲振乏力，新的商業模式正浮上檯面，其中一種是把辦活動和研究產品加進組合裡，尤其目標市場跟我們很接近的一家公司頗有斬獲。發表 Street Fight 的時候，我們想的也是同一種商業模型。

廣告營收可以，活動棒呆，但研究就難了。雖然我們產製的研究主題對到了一些人的胃口，營收模型還是不怎麼讓人放心。公司剛成立的時候，大部分研究工作和營收都來自客戶買的報導，賺錢是賺錢，但恐怕做不大、做不久，沒什麼高明之處。

開張 18 個月，我們打算募一輪資金來擴大規模，「谷底的風」就在這時刮了起來，那陣子人們的話題大都圍繞著研究，原來有些潛在投資人一頭熱，想到把研究做成訂閱制，營收就會穩穩疊上去。有人敦促我們全盤放棄研究，堅稱現成的

免費資訊汗牛充棟，導致要付費的東西都賣不到好價錢，反映不出它的價值。就在這個節骨眼上，我們效法的那家公司因為做研究的營收模型考慮不夠周全，轟轟烈烈地內爆了。

在重要的細節上，我們的營收模型跟他們不一樣，也趁劫後聘任了他們的前研究總監，進一步了解他們犯的錯誤，免於重蹈覆轍。我們繼續籌到資金，但仍舊不把資源挹注在研究上，研究的表現也一樣沒什麼起色。新一家競爭者進入我們的領域，揚言要用訂閱模型完封其他家，於是市場雜訊持續，只是他們的模型看起來跟毀掉前一家公司的訂閱制十分相似。這家公司進場帶給研究新希望——但恐怕也是虛假的希望。當時一度懷有希望的不只我們，專攻利基受眾*的公司可是有一整票。

我們始終沒有找到做研究要怎麼收錢才好，到頭來，我們才了解到成功跟商業模型比較沒關係，了解顧客想要什麼、交付顧客想要的東西，才是成功的關鍵。繞著商業模型「最佳實務」打轉的雜訊，全都讓我們分心。貼近顧客，跟顧客保持密切關係，才是引領我們成功的原因。

* 編按：利基市場，Niche Market，專注於目標受眾規模較小、產品線狹窄的細分市場，這部分市場並沒有被大企業所重視，所以可以減小正面競爭贏得市場。

資訊

思考者明白，自己的行動是向事物提出問題，是為了取得關於事物的資訊，成敗對他來說無非只是答案。事情未能成功，他不會因此困擾或悔恨。只有聽從命令行動的人才會這樣，那是因為雍容華貴的主人不滿意成果，他們只好挨揍。

換句話說：思考者認為自己的行動是取得資訊的方式。對他來說，他問了問題，成功或失敗只是問題的答案。他抱持這樣的態度，所以不會為失敗心煩，也不會後悔。跟在別人後面的人會後悔，在別人手下做事的人會後悔，因為不滿意的老闆會訓他一頓，或是懲罰他。

生意穩定的情況下，獲取知識十之八九要讓位給立即成果，這樣的公司已經握有他們需要的答案——至少眼前看來是如此。創業就另當別論了。創新和顛覆都需要探索未知的領域，這個過程勢必要打定主意取得知識，而要取得知識通常要做實驗，勢必會有許多人鎩羽而歸。矽谷和其他的新創社群接納失敗、理解失敗，甚至提倡失敗，他們把失敗當成學習和自我發展的載體。

話是這樣說，但你多半不會聽到經驗尚淺的投資人跟你說：「生意失敗不要緊，有學到東西就好。」他們的想法是：在他們投資你之前，你早該把失敗和學習全都掃地出門。反觀老練的投資人比較能以平常心看待失敗，假定他們相信你從失敗中有所學習，當你展開下一段旅程的時候，通常也會多方支持。

失敗的種種後果也有縈繞你個人的一面，畢竟你可能辛苦了2年，一毛錢都沒領，而這段時間裡，是你的配偶撐起家計，你倒是把房子拿去抵押了，貸來的款項花得一乾二淨，還讓親朋好友也跟著投錢進來。生意失敗把你「洗得灰頭土臉」，就算有學到什麼了不起的教訓，自己心裡也很難過得去。

尼采的話裡提到「思考者」，言下之意，好像絲毫不把成功的企圖心放在眼裡，但你是場子裡的玩家之一，難免會讓你懷疑那段話能否套在自己身上。其實，不論是哪個領域，只要還有新領域有待開拓，探索與成果之間就有張力存在。科學家必須把揭露有趣且重要新成果的實驗發表出來，否則沒辦法升等，也拿不到經費。藝術家、詩人和音樂家必須找到受眾，否則一腔熱血就只能當消遣了。就連哲學家都會影射「一代宗師」就是他本人，否則他講述的觀念孤芳自賞就不好了。

批評創業者最不假辭色的，常常就是創業者本人。他們失敗的時候，感覺像是自尊被重重摔在地上，成就事業的驅力熄滅。縱然創業者努力了這麼多，要取得顛覆現狀的進展，冒風險還是勢所難免，失敗也是兵家常事。

張力固然存在，但也是有化解的辦法，像是「精實創業」模型就踏出了有建設性的一步。按這個模型來說，你會先執行小規模的實驗、遭遇許多小規模的失敗，一次又一次改弦易轍，直到產品與市場相契合。只要你、投資人還有共同創辦人或員工不至於執著某一套策略，用這個模型發掘最佳機會，效果應該是不錯的。但話說回來，這套辦法也有它的極限，你終歸要在錢燒完之前，找到能繼續走下去的方向。

持續控管生意失敗的後果，使其不至於難以收拾，這是很重要的事。不要以個人名義爲長期租賃或借貸作保。如果借方不明白他借給你的錢有可能被歸類爲權益，就像可轉債一樣高風險，就不要向他借錢。眞正明白風險，而且願意冒險找出正確答案的人，才值得你找他當共同創辦人。即使局面曖昧不明、公司頻頻改變方向，也能從容應變的人，才能選聘爲草創期的員工。最後，找對投資組合理論懷有適當敬意的人做你的投資人。老練的草創階段投資人預期投資組合有很大一部分會失敗，才不會因爲你改變策略而慌張。

一旦本文提到的要素統統俱備，你想打造的大型顚覆事業需要做什麼實驗，你就能做，也能盡情從中學習。只要你執行成效不輸人，那麼你的「一代宗師」（包括你自己）也會滿意結果才是。

關於從磨練中學習，更多討論請見〈觸底〉和〈經驗得來的智慧〉。關於從學習求進步，更多討論請見〈超越〉。其他取得資訊的做法，參見〈退一步〉和〈成熟〉。

我們記取失敗的教訓，確保做產品的時候，每項都不會再犯

馬特．芒森（Matt Munson）/ 圖片授權服務公司 Twenty20 執行長和共同創辦人

公司才成立 8 個月，就迎來它最艱困的時期之一。當時公司的名字叫 Acceptly，第一個產品的目標是讓學生使用免費的數位大學入學顧問，更容易找到申請大學的方向。我們向一打天使投資人和一家專投教育領域、也是該領域龍頭的創投募了 50 萬美元，組建了一支 4 人團隊，鎖定教育這一塊。初期產品熱騰騰發表後，在著名的新創加速器掙到了一個名額。

培訓計畫只有 12 周。各團隊共享工作空間，每天上課，探討打造事業的不同要素。最高潮是成果發表日，會有數百位投資人來聽我們簡報。培訓開始 4 周、離成發日還有 8 周的時候，我們發現麻煩大了。除了幾十個興沖沖的使用者，沒有其他人在用我們的產品，但當時我們已經迭代了 5 種解決問題的門路，還是沒有起色。一個周末在帕拉奧圖，以精實創業為主軸的課程中，我們在大賣場到處找高中生談我們的點子，他們兩眼無神，很快我們就弄清楚了：我們著手打造產品，募了錢，卻對我們的目標用戶群體一無所知。還不只這樣。大張旗鼓搞了 8 個月，設法找出路，卻在那堂課上心照不宣地經歷了一個「啊哈！」時刻*：我們受夠教育領域，再也不想碰了。

* 編按：Aha moment，最早由德國心理學家卡爾布勒在 100 多年前提出。有一種突然明白、豁然開朗，或是「原來如此」的意思。

可是成發日正步步逼近。

要說我沒有滿心焦慮那是騙人的，不但焦慮，還沮喪得不得了。夜夜凌晨 2 點醒來，好幾個小時都睡不著，就只是躺在床上。這是我創立自己公司的大好機會，我也投入了大部分存款。現在不但公司危在旦夕，我的第一個孩子也即將誕生，就在成發日後一周！那真是我生命中最煎熬的幾個禮拜。

儘管如此，我們這支團隊根本沒有時間恐慌，我們也知道，因為早期的想法失敗而怪罪自己，根本於事無補。於是我們下定決心，回到白板前，開始腦力激盪，拋出其他自己覺得很有意思的想法。集思廣益之後，有個概念吸引了我們的注意：把照片做成帆布牆面藝術，讓 Instagram 世代賣給朋友和跟隨者，讓他們能靠創意賺錢。我們記取 Acceptly 失敗的教訓，確保做新產品的時候，每項都不會再犯。於是，我們早早就跟數百位使用者談話，打造最初版本的產品前就先測試獲客渠道。結果產品八字還沒有一撇，就已經起飛了。

儘管我們持續犯新的錯，Acceptly 失敗時，整支團隊如何因應的肌肉記憶，一直讓我們記憶猶新。最初的照片產品 Instacanvas 堂堂估值 100 萬美元的時候，我們又一次軸轉，讓我們的攝影師能以數位方式授權給大品牌和廣告代理商。有數千個品牌使用這個叫做 Twenty20 的服務，營收數百萬美元。

里程碑

路走到底不見得就達成了目標。一段旋律的結尾不是它的目標，然而一段旋律如果還沒演奏到結尾，就也還沒達成目標。好一則寓言。

換句話說：一件事結束，不見得就達成了這件事的目標。一段旋律的目標不單只是被人演奏到結束。話說回來，一段旋律還沒演奏完，就還沒達成目標。兩相對照，值得思考。

創業路上，有件事常被人誤解，那就是把籌得投資資金跟成功畫上等號。新創公司的員工會這樣想是理所當然的，畢竟他們的職位和工作條件首先取決於短期到中期的外部融資，別人也是如此看待他們的地位。創投的投資舉動，在在受到媒體注目，誤解也就越來越深。籌得一輪資金正好可以印證尼采這段話裡做的區分。籌措資金的「目標」是供給營運生意所需的燃料，否則事業無從發展、茁壯，而一輪融資的「結束」，體現在進入公司銀行帳戶的那筆匯款。不走到底（收到款項）沒辦法達成目標（成長），但兩件事大不相同。

尼采的意思是「走到底」是必要的，但對於達成目標來說還不夠。不管做什麼生意，達成某一項里程碑或走到一處盡頭，多半既非必要，也還不足以達成目標。要達成目標，通常還會有其他途徑，何況完成一項里程碑，肯定會有更多事情等著我們做。可見，擬定並著手執行一項計畫後，你應該把實際的目標放在心裡，但毋需太在意它，你會建立許多里程碑，有些深入細節，有些著眼大局，層次不一樣，一樣的是：這些里程碑只是手段和做法，不該分開來看待。

很多事情都適合用「結束」與「目標」來分別。你如何衡量公司的終極目標？想像一下，有個買主拿出很大一筆錢要買你的公司，卻把它化整爲零融入他們的營運中，而你設想的行業顛覆從未發生。你走到盡頭了，當然，可是照你看來，這樣的情節發展有達成你的目標嗎？投資人愛聽你畫大餅，愛聽你說你打定主意要建立影響極大的大事業，可是這項事實又讓「結束」和「目標」的分別變得更複雜。因爲顛覆行業如果還不是你的目標，也會被你設定成目標，可是投資方的現實是，別人付他們錢，不是要他們顛覆產業，而是要他們賺回數倍的資金給自家的投資人。他們的目標是一次流動性事件，而正在顛覆成功路上的公司經常會有出場機會，於是許多成功的公司都會自問：如果流動性事件的「結束」不是你的目標，你必須找到某種方法滿足投資人的目標，同時還能追求自己的目標，那可能意味著：不但遇到購併要寧缺勿濫，甚至目標要鎖定在公開上市。

不妨想想更寬廣的範圍，也就是你的人生和職涯。把公司賣掉，或許只是通往堂皇大道途中的一座里程碑，連續創業者大有人在。伊隆・馬斯克（Elon Musk）就是個很好的例子。他賣掉 PayPal，轉眼有錢到荒唐的程度，然而他心裡有更遠大的目標，出售 PayPal 是必須經過的一個結束，而 PayPal 確實改變了世人在網路上付錢的方式。但從他晚近在 Tesla 和 SpaceX 的職涯回頭看，其餘的創業暫且不提，整條路遠比 PayPal 更浩瀚輝煌，後者只是過渡期的一座里程碑，不過是前者的註腳罷了。話又說回來，當時他怎麼會知道堂皇大道上的種種，他的目標很可能還有待實現，或者說他創造了願景，貫徹意志力實現。同樣的道理，建立一家成功的公司也可能只是一座里程碑，是爲生命中的其他目標服務。務必牢記這一點。

你的人生目標有哪些？「自由精神」那章許多篇文章裡，在公司、職涯和人生等層次上探索創業成功的意涵。如果你還沒想過成功會是什麼模樣、沒想過你眞正的目標是什麼，那麼「結束」和「目標」的差異總有一天會讓你栽跟斗，因爲你冒著逼近終局，卻沒有實現目標的風險。

關於衡量，更多的討論請見〈退一步〉。關於創造你自己願景的意志，請見〈天才〉。關於持續專注在商業成功上，請見〈無聲殺手〉。

計畫

出謀畫策讓人志得意滿，所以誰有本事一輩子幫人拿主意，肯定是個幸運兒，可惜人沒辦法老是站著說話，總有不得不彎腰做事的時候，憤怒難免，但腦子也就清醒了。

換句話說：制定計畫和出主意都很有意思，你要是有辦法整天探索各種想法，還能不開心嗎？不過發想了一陣子，你必須停止計畫、不再拋出想法，而是真正把想法化為現實——挫折和壓力也會隨之而來。

探討策略的這一章進入尾聲，我們來談計畫和執行的關係。想點子的過程、策略和計畫有點類似玩耍——可沒有貶低玩耍的意思——畢竟，你有機會幻想未來，發想要怎麼讓未來成爲現實。你固然知道需要應對一些有的沒的，如：競爭者、顧客抗拒、配送，還有技術面的挑戰等，但想出解套的辦法不失爲樂趣之一。可惜，幻想裡不會有程咬金。

一旦開始執行，事情很少會照著計畫走。執行期間會發生什麼變故，事前無從得知；就算有辦法事前知道，仍舊沒辦法預測執行時的條件會怎麼變動。

面對上述問題，有兩種相反的應對方式，兩者同樣過猶不及。一種是假定怎麼計畫都無濟於事，乾脆不做計畫。另一種是遲遲不執行，能拖多久就拖多久，全心全意做計畫，指望一點意外都不要發生。

這兩種做事方式，在顚覆市場的新創公司都行不通。前一種事業會走歪，後一種事業永遠做不對。看似兩難，解法是不要屈就任何一邊，而是要把力氣投注在後設策略（關於策略的策略）上，想清楚：在你的事業中，計畫和執行該如何攜手並進。

要處理的問題當中，最明顯的是計畫和執行的周期，或說節奏：你執行一項計畫多久之後，才會重新審視它？在事業的草創期，周期會比在成長期快些，因爲在草創期，你最可行的產品每次迭代都代表一次軸轉，又或是策略的改弦易轍；對還在創業加速器的公司而言，制定策略只著眼數日，頂多數周，是稀鬆平常的事。一旦你完成種子輪，籌到一大筆資金，這時計畫的時間跨度就跟產品迭代的周期脫勾，少說要有一季的長度才夠，否則投資人和公司上下難免會提心吊膽，你的計畫也沒有足夠的時間醞釀有用的成果和資訊。在成長階段，你要提前一整年計畫，才有辦法妥善分配銷售獎金、招聘、客戶和夥伴的期望，以及資金的需求。

有時，在事業的不同層級，有多項計畫和執行周期同時在跑，頻率互不相同，也是合理的安排。固然改弦易轍在所難免，但正常情況下，招募第一輪資金前，至少要約略規劃資金用罄的完整歷程。成長中的事業雖有一整年的計畫，卻也要能視半年度的市場變化和外部的科技進展加以因應。功能小組或較小的團隊專注在較短的時程，每個周期調整計畫，反而能更有效地達成較長期的目標。

執行過程難免會有「盛怒和清醒」的情況，你會如何處理？這是後設策略的一環。計畫就算還沒崩盤，各方面卻好像已經呈現敗象，這時你會怎麼做？你可以加進周期較短的評估流程，決定要繼續執行計畫，還是要加以修正。你的決定也許是抱定一條概括政策：即使初期的成果不如人意，爲制衡人類過早放棄的傾向，不在執行計畫途中喊停。這可能會讓你自問「你想要有哪種文化」之類的問題。你和你的團隊喜歡凡事講求方法、踩穩一步才踏出下一步，還是你們比較投機，走「球來就打」的路線？最重要的是，即使你無從得知哪些要素會不如預期，也要事先稍微想過要怎麼處理。心裡要有個底。

如何著手制定策略面的計畫，細節值得深思。要讓誰加入？資訊要怎麼搜集、如何組織？要在周期的哪一點開始，過程有哪些階段？怎麼拍板定案？怎麼跟整個組織溝通定案內容？策略面計畫的流程多久評估一次？重新審視的流程爲何？

你會發現，我們對你的後設策略多所提點，可是沒有給你斬釘截鐵的答案，就跟我們沒辦法告訴你要對哪些市場下功夫、產品要開發什麼功能，是一樣的道理。你採行的後設策略自有一套前因後果，取決於你做什麼樣的生意。計畫和執行缺一不可，兩者要能兼顧，你就應該要有一套「如何計畫和執行」的計畫。

關於願景和執行相互爲用的討論，請見〈天才〉。關於創業之路如同遊戲，參見〈玩得上手，展現成熟〉。關於阻礙計畫的障礙，請見〈克服障礙〉。關於從外部審視事業的重要，請見〈退一步〉。至於決定要不要貫徹計畫，請見〈堅定不移的決心〉。

2 文化 CULTURE

開創自己事業最棒的環節，就是有機會為你的公司創造一套獨特的文化規範。我們常常把文化規範簡單地稱為文化，其實兩者有一項重要的區別。請把文化規範看成是底層的規則，那些規則經過特定一群人選擇與互動，體現為文化。

在尼采眼中，他的作品是一座橋，連接歐洲主流文化跟他對現代世界的見解。他一邊搭橋，一邊質疑既有的文化規範，也啓發了許多新的文化規範。

創業之路上，沒有通往文化的終南捷徑。創辦人經常苦思他們要「什麼」文化，卻沒有思考「如何」定義文化，或者文化「為什麼」重要。在「如何」和「為什麼」兩方面，尼采提供我們許多精神食糧，此外他也對「為什麼」提了一些抽象的看法。

再提一次：尼采的摘句要慢慢讀，記得他大大影響了西格蒙德・佛洛伊德（Sigmund Freud）和卡爾・榮格（Carl Jung）。一邊玩味他的字句，試想他寫於 19 世紀的思想如何用在當今的創業路上。想想你要怎麼推行你的文化規範，會不會有哪個章節啓發你用不同的方式處事。

信任

我受到影響了，但不是因為你欺騙我，而是因為我沒辦法再相信你了。

換句話說：我不氣你騙了我，但我氣我再也沒辦法信任你，也無法再看重你了。

信任是商業關係的基礎，信任是期望一個人會持續遵守特定一套行爲準則；違反準則，那就是欺騙。法律合約固然能預先規範商業關係的某些要素，卻不可能涵蓋所有機緣巧合。就算有可能，單靠合約做生意也沒辦法鼓動人盡心盡力，這不是正向的營運方式。

但凡商業關係，起初你都不知道對方期望哪些行爲準則，對方也不知道你的標準，不論對方是投資人、供應商、顧客或員工，都是如此。事先溝通彼此的期望固然理想，但鮮少會討論到鉅細靡遺的程度；反之，人們察覺踰矩的行爲，才會挑明他們的期望。遇到踰矩的情況，有經驗、講道理的生意人不會驚訝也不會心煩。除非行爲令人髮指，不然他們不會當成蓄意欺騙來看待。

良好的共事關係可遇不可求，信任與理解需要時間茁壯。你展現出可靠的模式，或者對方把標準說清楚了，就會期待你行事前後一致，這時你欺騙對方，信任會傷得更深。關係延續一段時間後，假使你違反已經樹立的標準或行爲模式，看在對方眼裡就是貨眞價實的欺騙，他們不會再信任你，也不會相信你。他們的反應多半是再也不跟你共事，而不是把你貶回初來乍到的地位。

關係一旦淪落到這步田地，要想走下去，唯一的希望是你的欺騙實出於無心，而且你要即刻無條件地加以彌補。必須採取的行動有二。第一，道歉。說明你處理事情的當下抱持的假設，讓對方明白你是怎麼誤會了共事關係中的期望。道歉必須誠懇，要負起全責。不要說「你從沒告訴我……」，而是「我沒能認清……」會比較可取。第二，你必須窮盡所能彌補對方，這可能會讓你個人的錢財或名聲付出重大代價，有些情況則是不可能完璧歸趙了。如果你想修復關係，接下來你還有義務持續依據對方的利益行動，但就算做到這個地步，關係還是需要時間才能修復。起初的欺騙會讓人覺得被耍了，此人會懷疑你的道歉和彌補都是後續的花招。懷疑好一陣子，這是難免的。

上述彌補之所以行得通，道理在於尼采的這段話。如果那個人是爲了欺騙本身而氣憤，那就無從救治，因爲欺騙已經發生了。然而他如果是因爲再也沒辦法相信你而氣惱，而你表明自己是無心之過，而且下不爲例，那至少那份信任還有可能恢復舊觀。

如果欺騙不是無心之過，或者你選擇不採取上述補救之道，那這段關係的結束恐怕只是你悔過的開始。人們吃虧負氣的反應大不相同，有些人會積極詆毀你；有些人被問才會說你幾句。無論如何，他們既然不再相信你，也就沒必要爲你低調，頂多用詞拐彎抹角、含沙射影，或是略過重大環節，讓人留意到後自己想通。流言蜚語會傳開，你的名聲將不保。

倘若是別人違背你的信任，該如何應對？尼采的文摘也有提示：你只是因爲再也不能相信他們而氣惱，這樣的情況對你來說是比較好的。有一派思想認爲：抱持信任發展關係的人會比較成功，原因是他們更歡迎正向的關係。這樣的人也更嫻熟於識人之道，因爲他們固然經常被占便宜，但總不會被占太多便宜。布萊德就採取這個立場，憑他所謂「你可以搞我一次」的規則處事。這意思不是說剛認識就給人家裡鑰匙或提款卡，而是在於不要用律師的態度對彼此的協議錙銖必較。此外，你會仰賴正面的共事關係，而不是繁文縟節。你仍然易受傷害，只是守住停損點自保。

要如何管理信任？不論是如何信任人，還是如何贏得別人的信任，都必須徹底想過、試驗過。

關於贏得信任的討論，參見〈感謝與正直〉和〈負起責任〉。倫理準則有很多種，更多討論請見〈怪物〉〈模仿者〉和〈後果〉。從承擔風險中學習，參見〈經驗得來的智慧〉。

信任一段新的共事關係，但限縮暴險的程度

英格里德・奧隆義（Ingrid Alongi）/ 線上軟體服務公司 Quick Left 共同創辦人

事業即將出售的前幾個月，我發現自己犯了小人。有個人跟我認識不算久，我不假思索信任他，但是他枉費了我的信任。所幸看重我的人提點，我才免於受此人欺騙。

要怎麼應對這個情況讓我傷透腦筋。第一，我起初對這段共事關係寄予厚望，料想跟這個人共事應該能讓雙方互蒙其利。第二，我做了某些安排使我本人曝險。第三，生意的情況不理想，負債累累，現金留不住。當時我還懷了一對雙胞胎，讓情況更棘手。信任一段新的共事關係，讓自己稍微冒點受傷的風險，這本身沒有什麼問題，但限縮曝險程度很重要。這是我在那段經歷當下學會的教訓。

我這個人爭強好勝，曾多次在場地單車世界錦標賽取得好成績，同時從零開始打造這項生意。但此刻孕期的荷爾蒙作祟，精力流失，加上創辦公司總體而言就讓人過勞，使得我拚鬥的火苗如風中殘燭。壓力不利於高危險妊娠，我心知肚明，但就是沒有能量想出應對當時情境的辦法，只覺得一敗塗地。

事後看來顯然要提防的行徑，固然很難事先洞悉，我還是怪自己沒能早點辨認出警訊。在我們的文化裡，個人和生意之間有一道界線，正因如此，有些人就拿「對事不對人」當成通行證，他們做事的方式不見得符合我們對互信關係的想法。更何況，把人玩弄於股掌、操弄情勢以促成交易，稱得上是一種資產，在商場上是受到正面評價的能力。這樣的行為跟不誠實

有什麼差別，往往是見仁見智，在某些人眼裡或許算得上是一種技能。然而能看穿這種舉動，還能預見它殃及多大的範圍，同樣是一種技能。

那人不誠實的行為被披露後，我的處境著實寂寞，孤立無援，沒有人想淌渾水，更別說自告奮勇幫我的忙。孤立的處境有時竟讓我陷於否認不誠實的境地，懷疑自己對情況的直覺。我是個女人，公開說出自己的經歷還得要擔驚受怕更多。與其遭人報復，視而不見、息事寧人，說不定還好些。那人騙了我，但我仍舊想相信他。我讓自己承擔的風險夠多了，欺騙本身隱含的後果足以讓我灰心。

最後，事情有了圓滿的結果。我僱用私人律師，跟商業教練一起琢磨，讓他幫助我確定，雖然我放任這件事情過去，但這不是出於自我質疑，也不是因為我處在情緒的漩渦裡，才對其實無關緊要的事情過度反應。我熬過了艱難的日子，生下一對健康的雙胞胎。Quick Left 被併購了，沒有人賠到脫褲，都還有房子住；更好的是我仍在公司任職，而且這樁併購案是我們所知的案子裡最成功的一件。

進入商業布局前，我該調整個人財務曝險的程度，但我沒有下定決心做這些關鍵的變動，這是最大的錯誤。當時事情推進得太快（我後來才了解這是故意設計我），促使我相信那些變動會及時完成，卻沒有堅持一定要先完成調整，其他事情才可以往前推。新布局和它的大好前程讓我興奮又樂觀，蒙蔽了我的判斷，自己跳進日後有重重危險的局。我這人喜歡快速向前，但我又一次學到，慢下來有時是必要的。要是有人慫恿你快速做決定，你該問為什麼會這樣，而快速做決定最終會圖利誰。

感謝

有人走上一條新路，還帶領很多人進來。後者表達謝意的時候，前者才驚覺後者有多笨拙、多沒用，常常連感謝的心情都沒辦法表達。人們想道謝的時候，喉嚨總像是卡了什麼東西，支支吾吾老半天，又把話收了回去。

換句話說：曾是創造者和領導者的人，每每為人們表示謝意的生澀而訝異。彷彿感激之情卡在他們的喉嚨裡，害他們只能言不由衷地道謝，最後索性放棄。

身爲領導者，你明白自己的成功少不了溝通，也知道自己的溝通技巧永遠都有改善的餘地。如尼采在這段引文的觀察，感謝是最難有效溝通的情感之一。偉大的執行長向顧客或員工致謝時，態度從容誠懇，而且會讓人記在心裡，說不定你已經熟極如流了。但如果你誠摯表達謝意，對方還是感到尷尬或抗拒，那他們實在應該學習如何克服，並持續練習。

試想，假如你的團隊成員能更自在地表達謝意，對你的公司會是多大的助力。受人器重的員工比較不會搞分裂，感受到自身價值的顧客不容易被競爭對手籠絡。如果你引領、教導你的組織表達由衷的謝意，對內對外皆然，這會創造可觀的競爭優勢。

話說回來，感謝的文化沒辦法靠一紙政策或一套流程就深植人心。言不由衷的感謝，還不如不道謝。眞誠言謝之所以讓人彆扭，底層的原因是：道謝會暴露此人是有弱點的。

你要反過來處理這一點。當你誠心誠意感謝一個人，無異於對他說：「我想要或需要一樣事物，那樣事物是你給我的。」大多數人沒辦法坦然承認：自己的獨立和自律有這道破口。你和你的組織必須先能跟這份脆弱無力自在共處，你才有可能教導你的組織表達感謝。

關於感謝和暖意的重要，參見〈感謝與正直〉和〈吸引人跟上來〉。關於溝通種種情緒的重要性，參見〈再來一次，這次放感情〉。

表達感謝時，撫平了心底的不自在和脆弱

巴特·洛朗（Bart Lorang）/ 雲端軟體服務公司 FullContact 執行長與共同創辦人、風險投資公司 V1.VC 共同創辦人

早上六點半，下雪的冷天。一夜落雪，積雪到了小腿肚。出乎意料的是，起床時，隔壁鄰居已經把我家這邊人行道的積雪鏟完了。我竟然讓鄰居代勞，妻子莎拉把我數落了一頓。我想拿自己忙著執行長的工作來開脫，何況鏟雪根本就不是優先事項，但這是錯誤答案——她不留情面地質疑我，說我們的鄰居也是新創公司執行長，他有時間鏟自家人行道上的雪，連我們家的一併鏟了，更別說他的公司還比我的公司擴張得更快。

那一刻，我深深感到自己的失敗。做執行長失敗，當丈夫失敗，身為男人也失敗。我心知必須做些改變，而且沒有別人幫忙，我做不到。幾番考慮後，我聯絡公司的領投方*，請他介紹廣受讚譽的執行長教練傑利·科隆那（Jerry Colonna）。

對我來說，光是請求協助就是一件大事了，這點無庸置疑。從小到大，我竭盡所能自立自強，從沒要任何人幫助我。承認自己需要幫助，如同展現了脆弱的一面。我在洛磯山脈長大，秉持強烈的「個人主義」，這種暴露我原本是抵死不從的。

就只是單純的需求協助，最終卻從根本改變了我的生命。我因此認識傑利，讓我能探索過去的關係和我的領導方式。我公司裡之所以會發生一些不健康的情況，我也有份，認識傑利後我才有能力加以審視。這也幫助我明白創立 Full Contact

---

* 編按：指對新創企畫所在領域有相對豐富經驗的投資方，由其指導和帶領多名跟投人投資企業。

的初心：幫助人更慷慨待人。

我了解到，我們沒有在 Full Contact 貫徹這項信條，甚至還差得遠呢。我們創造的公司文化，表現出來的是大男人主義、含蓄傷人和被害者心態的致命結合。

於是，我逕自效法學到的做法，在每日主管會議上，要大家逐一用紅、黃、綠色報備自己的狀態，並自問以下問題：

· 我們的身體在哪裡？

· 我們的呼吸在哪裡？

· 認真說，我們還好嗎？

文化立刻就開始改變。主管團隊終於帶著完整的自我來上班。領導者開始把自己的恐懼說明白，跟同事討論。淚水和擁抱成了常態，人身攻擊和含蓄傷人煙消雲散。

說來神奇，領導團隊脫胎換骨後，董事會也跟著改變。我印象特別深的是，有一次在董事會上，有幾位領導團隊成員淚灑當場，董事會成員也將他們脆弱之處坦承相告，那一刻，我們的領導團隊不覺得受到脅迫，反而是安心地分享心底的焦慮和恐懼。

數年過去，如今整間公司脫胎換骨，變成能讓愛、脆弱和感謝欣欣向榮的文化。舉例來說，每一場員工大會，我們花 10 分鐘表達對彼此的感謝，褒揚同事。如今，我每月表揚一位服務出色的團隊成員時，常常會落淚。用這些方式表達感謝的時候，我們撫平了心底的不自在和脆弱，所以才能把心裡的情感由衷表達出來。總體而言，或許最重要的成果是，我們的頭號價值「慷慨待人」不再只是一句漂亮話，現在每一個待在 FullContact 的人，都奉之為安身立命的準則。

堅持

造就偉人的，不是偉大的情操多強烈，而是能維持多久。

換句話說：比起信念強大、動機強勁，更重要的是長時間堅定不移保持信念，才能締造偉大的成功。

這句格言突顯出「多久」跟「多強」的差異，不過深究兩者差異之前，注意尼采強調「偉大」情操和人，所以他多半不是探討業餘的熱情，也不是對另一人的愛情，而是指波及廣大人群、根深柢固的體系和傳統情操，或是能表現歷史上重要觀念的情操。

對你來說，這樣的情操或許是指顛覆一個規模大、根基穩固的產業，或許跟某種營運方式有關，譬如踩在備受爭議的倫理立場，或是掀起整個組織的創新。延續這樣的詮釋，你的偉大情操勢必蘊含一幅願景。不然世界天天都在變，這個時代的變動更是快得前所未見。你的情操再偉大，一段時間後也無法切合世間的種種情態。說穿了，這樣的情操能延續的時間有限。

要建立事業，不能不熱切相信你的理念、團隊，相信你們做事的方法。你的情操不具備「力量」的話，沒有人會跟隨你，沒有人會與你共事、向你買東西，也不會有人想投資你。若即若離的領導人根本不算領導人。因而，我們很容易認爲情操強不強是創業成不成的唯一（或至少其中一個）關鍵。

偉大的改變無法一夜完成，偉大的想法無法朝夕落實。

爲事業起頭固然要緊，但已經起頭的事業還是要有人照顧到最後，才會轉變爲成就。「有想法的人」熱情洋溢，他們只管把事情開個頭；然而剛起步的事情稱不上偉大，必須一步一步實現顛覆才能贏得偉大的資格，可能要花很長一段時間。如果你志向高遠，那你和你的願景之間肯定少不了許多頑強的抵制。

起先旺盛的情操恐怕撐不久，處處碰壁可能就會灰心喪志、疲憊或無聊。不是每個人都能長年堅持，也不是每種情操都能歷久不衰。落實願景需要日復一日的打磨，儘管有願景驅動，打磨的過程跟美麗的願景卻毫無相似之處，何況其他引人入勝的想法和機會一個接一個，新的酷東西會讓你心癢，使你最初的情操後繼無力。實現偉大之前，新激情的別緻和刺激可能會讓你本來的興致難以爲繼。

即使生意做得不錯，你仍有可能失去堅定的情操。初期的成功可能會助長得過且過、甚至漫不經心的態度。自我、融資無虞，或是過度自信，都可能會導致你跟最初的願景或情操漸行漸遠，以至於再也拉不回正軌。你必須保持偉大的情操，堅定不移，直到有偉大的成果，而不能止步於成功。每階段都務必探問最初的情操，尋求其衍生的下一層次成就。

初心多強烈，甚至不是它能維持多久的主因。產出偉大要素需要沉澱，只憑一開始的熱衷，維持不了那麼久。反而是你的情操要能在重重阻礙下茁壯、成長，才能比你面對的全部障礙堅持得更久。抵制和反抗要產出熱情而不是失望，智識的好奇是「專」優於「廣」，成功則要能重燃專注。光是強烈不夠，務必讓你的情操深植心底，深到產生認知偏差，讓認知偏差使你請願挖壕溝、起城寨，而不是反覆修改。情操必須是一種偏執才能持久。

「到頭來是我一廂情願怎麼辦？」你也許會問。如果眞是一廂情願，那自始就不會產生偉大。情操延續得久，還是有可能以失敗作收。創業圈常把「失敗要快」掛在嘴上，有時切合實情，但也會造成一種思維習慣，壓根不考慮偉大所需要的那種堅忍。失敗太快或太頻繁仍有可能是一流好手或人生勝利組，但多半不會偉大。

關於執著及其意涵，更多討論請見〈執著〉。關於緩慢發生的顚覆，更多討論請見〈顚覆的耐性〉。關於按照實際情況調整願景，我們的想法請見〈資訊〉〈里程碑〉和〈計畫〉。關於表達信念之強，更多討論請見〈強烈的信念〉。

軟體業朝好的方向改變，其中有我們持續的影響

提姆．米勒（Tim Miller）/ Rally 軟體公司執行長

要我寫這題，我總覺得彆扭，畢竟我不認為自己是什麼偉人。所幸這幾年來，我設法讓自己置身在偉大的男男女女之間，我們共享一個願景，你也可以說是「偉大的情操」。身為團隊的一員，且容我野人獻曝，分享這則偉大團隊的故事。

我開第一家公司 Avitek 的時候，有個重要的目標是根據黃金律——待人如己——創造深植人心的文化。我們達成了目標，還建立了一家成功的公司，沒有外部挹注。然而我們的支票帳戶通常只夠發 2 到 4 周的薪水，我無時無刻都在擔心破產的風險。於是，當出售公司獲得財富自由的機會出現，我接受了。Avitek 創辦 4 年後被併購，價格引人側目。

沉潛一小段時間後，我加入長年的生意夥伴萊恩．馬騰斯（Ryan Martens）的行列。放眼整個職涯，我一直與馬騰斯協力，這次我幫忙他建立 Rally Software。休息的那段時間裡，我收攏了各種想望，定下心建立一家能撐過風雨的公司。這家公司不只要成功，還要實質改變軟體開發產業。改變什麼呢？我們的目標是幫助軟體開發者，確保他們受雇主厚待，全力發揮他們創造的才能。這樣一來，他們就能追求各自市場裡最豐厚的機會，最終為解決這顆星球最棘手的問題貢獻心力。

我們達成這項願景的載體是敏捷軟體開發。〈敏捷開發宣言〉本於 12 條原則，其中 2 條把握了驅動 Rally 的「偉大情操」：

- 給他們（開發者）所需的環境和支援，信任他們會完成工作。
- 出資方、開發者和使用者應當要能無時無刻維持穩定的步調。

軟體開發團隊的高階管理層，在數十年裡都是「專制」般的指揮與控制當道，與上述作風形成強烈反差。他們的方法經常造成「死亡行軍」般的專案，投入的專注程度難以持續，要投入多久也沒一個確定時間。一旦團隊變大，需要以創新、會改變大局的方式解決大型問題，他們的方法就跟不上了。

為了打造有長久未來的公司，我的首要任務是向創投募資。想成為我們這個圈子的領袖，我們必須顛覆由 IBM、惠普和微軟等巨擘主導的現存業界，撐過接踵而來的挑戰。沒有一筆可觀的資金，恐怕是做不到的。

創投無疑把我們推上所屬市場的領導地位，穩如泰山。但 10 年成長過去，我們要把資本返還給投資人的時候，就不得不走上公開上市的路徑，最終竟讓我們陷於被併購的處境。可見，向創投募資雖然增益我們建立長青、獨立公司的能力，卻也阻礙了這項目標。

好光景持續了 13 個年頭。13 年裡，我們這家年輕的公開上市公司努力「聚衆一心」，成長的同時維持獨立。我們持續鼓吹尼采所謂的「偉大情操」：從改變軟體產業開始拯救這顆星球，是我們最高的使命。不過，有些讓人望之興嘆的障礙還有待克服。我們的積極股東頻頻要求董事席次，他們的目標是緊縮我們的投資，獲利才能更豐厚。果真這樣做，短期而言我們在金融市場或許會更成功，但肯定也會縮減我們追求使命的能力。可惜我們規模不夠大、成長不夠快，沒能撐過華爾街的強大威勢。在他們眼裡，季度獲利的價值是高過長期願景的。

最後我們把 Rally 賣給 CA Technologies。這家公司是由併購成長茁壯的。他們誠心想將流程翻新，朝敏捷的方法靠攏，也認為我們幫助他們的客戶在商業競爭中勝出的能力很有價值。出售公司讓 Rally 能延續使命，在數十億美元的庇蔭下安穩成長。從併購的第一天開始，併購方待人公允，員工如未留任，就會有人協助他們在其他部門找到一份職位。公司雖然沒能保持獨立，但我深信使命確實延續到了今天；軟體業朝好的方向改變，其中有我們持續的影響。我認為我們團隊打造的科技，讓世界變得更好了。

超越

「生命」告訴我這個祕密：「看！」他說，「必須不斷超越自己的那個，就是我。」當然，你把那個祕密稱作「生殖的意志」，或者「朝向目標的驅力」，朝向更高、更遠、更多樣的事物，但不管怎麼稱呼，那都是同一個祕密。

換句話說：生命無非是不斷超越自我的過程。生育子女、朝目標奮鬥，或是百尺竿頭還能更進一步，或是達成難能可貴的成就，或是做到眾人稱羨的事情，這些情境都能讓你想到這個道理，確實上述也都是同一個道理。

「升級」一詞源自電子遊戲，在遊戲中，角色的技能緊扣著遊戲中等級的提升。如果你的技能足以達成特定等級的要求，就能升到下一級。一旦具備那些技能，通過先前的關卡再也不是問題，想試幾次就試幾次。

創業之路上，「升級」處處可見。套在個體或團隊上，意思是精進能力，以應付事業接下來的挑戰。舉例來說，爲100萬個使用者提供周全的支援，跟爲1萬個使用者提供支援是截然不同的事情。如果你的公司正朝那個方向成長，那營運團隊就必須升級。

與此相關的流行詞是「持續精進」，談的是一種更細緻的做法，也就是個體或組織不斷尋求把事情做得更好，但未必只朝特定的目標改善。在持續精進下，組織的每項嘗試都會接著下工夫找出哪些事情未完成，哪些是本來能夠完成的，下次設法改善這些事項。

自我精進的想法並不新穎，然而尼采這裡談的是更大的題目。他的想法是：精進或「超越」就是生命的本質。撇開特定的目標不論，人要是眞眞切切過著日子，那就是努力變得更好、更開闊，或是更豐富。個人成長不只是生命的一個面，個人成長就是生命。與其千方百計做到更多世俗意義下的事情，不如單純拓寬、拓深你的精神面就好。

同樣的觀念也可以套用在你的生意和組織上。剛踏進商場，人們或許會認爲生意做到某個獲利規模、某個淨利率，就可以穩穩停在那裡了。如果生意的報酬、產品和工作都能讓利害關係人滿意，那還有什麼理由改變？然而市場競爭不休、創新不斷，不存在穩定的情境。你的生意賺錢，就會有人想分一杯羹。創新或是文化的變動會消弭人們對你產品的需求。公司及其組織必須成長並精進，才能持盈保泰。

升級、持續精進或超越都不是附加或業外的活動，它們就是執行的精髓。改善團隊，改善組成團隊的個體，乃是商業策略與營運的核心，不然事情會經常出乎你的預料，而你會猝然明白在某些領域你是落後的，要做研究、培訓或計畫之外的聘僱，否則速度跟不上。

你要規劃組織內持續且有人引導的精進，所需要的專注和持之以恆的功夫，不下於達成營收目標。如果團隊不具備必要的技能和知識，你是沒辦法執行的，而需求永遠都在變動，畢竟你的事業快速成長，或是周遭環境變化，都會造成需求變動。

經由你的事業學習和成長，參見〈經驗得來的智慧〉〈資訊〉和〈爲自己歡欣〉。

風格

文化根本上是技藝風格的統一，民族生活的方方面面盡在其中。知識豐富、學富五車未必能得其精髓，甚至談不上是有文化的跡象。極端情況下，學養兼備之人跟文化的極端對立面——野蠻——更能和諧共存。所謂野蠻是毫無風格，或是所有風格恣肆交雜在一起。

換句話說：將人生活的每個面向所呈現的技藝加以統一，就是文化的第一個概念，也是最重要的概念。光憑知識和學習不會創造文化，兩者也不是文化的根本。完全沒有風格或存在許多風格互相牴觸的未開化社會，也能輕易找到知識與學養。

19 世紀人類學領域方興未艾，「文化」的現代意義就是從人類學衍生出來的。1980 年代開始有人把這個詞應用於商業組織，如今，許多人都認爲分析組織文化並積極塑造，乃是成功創業的精神要點。尼采在引文談的雖然是民族文化，但他的觀點用於商業同樣合適。

把一家公司的員工當作「民族」，說得通嗎？比起跟鄰居或所屬地理社區的其他成員，一家公司的員工跟彼此相處、互動的時間較長，這點無庸置疑。一定程度上，他們有共同的目標，這在更大的群體裡是罕見的。他們往往還有獨特的行話和行爲守則，既把他們連結在一起，同時也讓他們跟其他組織裡的個體有別。

在事業體當中，「技藝風格」會以數種方式展現。最優秀的使用者介面、開箱體驗、產品設計和網站，都有技藝強烈的存在感。員工跟顧客、供應商和一般大眾的互動，也就是他們接起電話來怎麼說話，處理討價還價時怎麼進退，還有發推特的風格，都會在跟他們打交道的人身上掀起獨特的情緒波瀾。事業整體的發展是一種創作的嘗試，它的起點是創業者用一種與眾不同又具體的說法，表達他的願景。

試想 Apple 跟 IBM 的文化差異。Apple 流露出的技藝風格明確統一，他們的產品、店面、廣告和顧客互動方式，每件事都透出屬於他們的風格。IBM 同樣也是如此統一，只是他們的風格比較古板乏味。

試想技藝風格不統一的公司，他們的品牌具有什麼意義？當你跟他們打交道的時候，預期會發生什麼事？他們未來會推出哪種產品？如果他們的文化是「全部風格交雜」而成的，就算團隊成員個個聰明、勤勉又合作，仍然少了一樣重要的東西。

每當你思考公司文化，請配上技藝風格的鏡片來觀察，確保公司全部活動的風格一致、統一。

關於文化統一的幽微之處，參見〈團體迷思〉和〈正確的訊息〉。

技藝風格的大相逕庭，導致文化和品牌的界線再也無從維繫

提姆．恩瓦爾（Tim Enwall）/ 機器人公司 Misty Robotics 主任

我第一次讀這段引文和文章的時候，湧起一股激烈的反感。在事業體當中，文化是僱傭、提倡和解僱時所考慮的，而品牌是公眾眼中這家公司的本質。強健的文化和品牌是成功所不可或缺的，兩者都必須提前積極建立，但兩者截然不同。

長久以來，我一直支持經營者要格外積極經營公司文化，不要任其「有機生長」，否則結果會是「所有風格恣肆交雜在一起」。人們一拍腦袋就開始雞同鴨講，根本阻礙團隊工作和成果。國際品牌的形象是由公司裡一小撮人推動的，對偉大的品牌而言，公眾見到的品牌形象鮮少會是「誰都可以」改動的。因此，一家公司很少會因為員工「奢侈程度不及我們的奢侈品牌」或「風趣程度不及我們的詼諧品牌」而聘僱、提拔和解僱他們。所以，尼采所謂「文化是……民族技藝風格的統一」，這觀念讓我震驚，也跟我的世界觀格格不入。

我跟著記起 Google 某男性員工寫的一份關於公司性別多樣化措施的備忘錄，引發公眾熱議，使公司陷於危機。就算我們費盡苦心把品牌跟文化分開經營，公司的本色還是會多方透露出來，對內是文化、對外是品牌，這些底蘊還是藏不住的。由此，我又回想起一段沉底的往事，躍上心頭的是 Nest（是 Google LLC 的品牌之一，用於銷售智慧型家居產品）的「文化」。我曾協助建立一家叫 Revolv 的公司，後來就是 Nest 買走的。

東尼·法戴爾（Tony Fadell）和馬特·羅傑斯（Matt Rogers），兩人都是 Apple 原 iPhone 團隊的要角，他們帶了一大群前 Apple 的同期員工創辦了 Nest。我曾在 Apple 工作，記憶中，Apple 的文化爭強好勝，最聰明、說話最大聲、行事最唯我獨尊的人會得到提拔，是一家自以為是到極點的公司，不過這家公司設計倫理的文化優秀，以顧客為本，也為工程巧思與盡善盡美而自豪。Apple 做的是硬體，這項事實主導著公司的風氣，因為做硬體必須分毫不差，通常還要在產品送到顧客手上前幾年就規劃妥當。一位曾任職於 Apple 的 Nest 員工所見略同：「我們在 Apple 常把一句話掛嘴上：『我們負責把欄杆底下擦亮。』什麼意思？有人可能會看那裡，而高品質的完成度，就要做到這個程度。」

這時 Google 出場了，嘩啦嘩啦撒了 32 億美元買下 Nest。為了讓新併購的這家公司更上層樓，Google 不只花錢，更挹注了人才，老中青都有，而他們現在都是「前」Google 人了。Google 圍繞著網際網路所連接的軟體打造其文化，包括彈指 10 億使用者的市集、迅速的產品迭代、產品為「永久測試版」「20% 的工作時間」。所謂「20% 的工作時間」是指工程師每周可以花一天做他們認為有望導向 Google 未來成功的軟體專案。提前 18 個月鎖死產品的某個面向，這種想法大多數 Google 人聽都沒聽過。同樣，產品發布 3 周前發明新功能，這種念頭 Nest 人也大部分沒見識過。歸根究底，正是「追求完善」跟「越改越好」的二元對立造成沒有說出口的隱恨。大多數人根本抓不到癥結，只知道（Nest 那批）「肛門期未滿的瘋子」花了漫長的時間，開了數十次會，只為了討論連接線到底要用哪種塑膠，而

（Google 來的）「那些言而無信的傢伙把老舊的東西，挑都不挑就往市場扔」，害他們的心血付諸流水。

許多 Google 人以為他們只是轉調到另一個 Google 的單位，畢竟是 Google 買下 Nest，然而 Nest 從第一天起就表明該公司將「獨立管理和營運」。這也造成沒說出口的嫌隙。Google 人把習以為常的聘僱作風帶進 Nest，根據他們對企業網絡的假定選擇供應商，連制定預算都沿襲舊慣。他們認為這些做法「理所當然」會被採行，就是這種自以為是讓 Nest 團隊惱火。說好的「把獨立創意給我們 Nest 自己領航」呢？

這把我們帶回到尼采的話。從 Google 和 Nest 的併購，我近距離親身見識到「所有風格恣肆交雜在一起」。Nest「精心打磨」，Google「隨機應變」；Nest「循規蹈矩」；Google「凡事實驗」；Nest「品質頂尖」；Google「市占優先」。如此等等。Nest 被併購後的煎熬，有詳盡的公開報導，在我看來，其中許多難題都能回溯到前述技藝風格的大相逕庭，兩者差距連外行人都看得出來，導致文化和品牌的界線再也無從維繫。

公司的文化，說到底就是這些技藝風格的總和——品牌行銷和人力績效專家，你們聽不進去我也沒辦法！一種風格沒辦法藏在另一種底下，風格就是會從事業體上上下下的孔隙滲出來。不信的話，只要回顧公眾眼皮底下的 Google「內部文化」如何影響其「品牌認知」，就能明白了。

後果

事情做了就是做了，就算期間早已「改過自新」，後果仍會當面扯我們的頭髮。

換句話說：就算我們已經從錯誤中學習，糾正了行為，仍須面對行動的後果。

不用說，我們做的任何事情都會有後果。尼采藉由措辭，暗示他的論點是針對倫理有虧的行動。在商業活動中，倫理上的過失鮮少立刻浮現，難免讓人想便宜行事，代價晚點再處理，說不定還抱著一線希望，想著要是能把那些負面後果撇得一乾二淨就好了。

怎樣算是合乎倫理的商業行爲，見仁見智。一位創業者眼中「大家都這麼做」的招式，另一位創業者看來可能是蓄意欺騙。許多經理人是從對生意、或是對採取行動那個人的影響，來定義行動是好是壞。根據大多數道德發展的理論，經理人的想法相當於道德發展的最初階段，小學快唸完的兒童多半已經超前了。

還是有一些力量，會將因果的牽連導向比較嚴格的標準。顧客、投資人和員工會追究公司的責任，漸漸成爲讓公司行事合乎倫理的力量。事業體如何對待員工，它對廣大的社會與環境造成哪些衝擊，諸如此類的因素，都是它受人評判的倫理領域，而人們的判斷可能會擴展到該事業的供應商，以及供應商行事的倫理。悖離大家都接受的商業倫理，可能會爲廠商帶來負面的後果。

不要只根據你自己的倫理判斷行事，要考量你的顧客和其他利害關係人的看法。即使在你眼裡那只是不明智的跟風，大家認爲怎麼做才合乎倫理，仍有必要將之納入考量，或是面對它帶來的後果。請遵循「《紐約時報》頭版守則」：你不想要被放在頭版大肆報導的事情或發言，就不要做、不要說出口。

尼采這段話的第二部分是說：行事投機取巧、不合倫理，即使一陣子之後你已經停止違規犯禁的行爲，甚至你僅僅踰矩那麼一次，後果還是有可能反咬你一口。媒體惡評是其中一種展開方式。你做了違法、骯髒，或只是引人反感的事情被逮到，就算事情已經過去很久一段時間，人們還是會假定你仍舊在幹一樣的勾當，或者你在做其他同樣心術不正的事情。顧客會對你的品牌失去敬意，你可能再也沒辦法聘到最優秀的員工。俗話說「無風不起浪」，經常是如此。

你的行爲也會在組織裡樹立榜樣。有些員工得過且過，未曾細想倫理立場，眼見領導者認定一項行爲合乎倫理，他們就會有樣學樣。在一個成員競相表現的組織裡，領導者的行爲很快就會變成眾人的最小公分母。即使你一開始的小錯沒有見報，終究會因爲整間公司上行下效而被報導。

明日的倫理道德，或許會成爲你今日作爲的裁判長。此刻沒有人爲某些作爲大聲疾呼，不表示以後都會是這樣。如果你只考慮公眾當前譴責的事情，以後就會被「當面扯頭髮」——即使這些行爲發生在公眾大肆非議之前，就算新一波輿論風向定調時，你就停止自己的行爲了，也是一樣。

唯一的解決之道是秉持高道德標準，不受流俗看法左右。

如果你的道德發展已經超過最初階段，這個解決之道就跟你的做法不謀而合了，眞是萬幸。你要抵抗做事投機取巧的誘惑。公眾接受的倫理觀點會與時俱移，也要隨時留意。

羅伯特．索羅門（Robert Solomon）是研究尼采的哲學家，他寫過一本書叫《這樣思考，商業會更好：個人行事正派如何引領企業成功》（*A Better Way to Think about Business : How Personal Integrity Leads to Corporate Success*），闡述在組織裡陶冶個體的品行，也會對商業活動有所助益。前面的章節如〈超越〉〈資訊〉和後面篇章的〈退一步〉裡，我們介紹「學習的組織」，索羅門提倡的做法來自德行倫理學，追隨亞里斯多德多於尼采，跟我們的見解相輔相成。請把倫理學放進組織衡量與改善的清單裡。

關於倫理議題的更多討論，參見〈信任〉〈怪物〉〈負起責任〉和〈模仿者〉。

怪物

與怪物戰鬥的人，應當小心自己不要成為怪物。當你久久凝視深淵時，深淵也在凝視你。

換句話說：如果你的對手是壞人，那你未嘗沒有跟著變成壞人的風險。如果你太熟悉惡劣的行為，可能會習以為常，影響了你原本的思維。

道德羅盤是你的認同裡重要的一部分，同理，公司的價值也是公司的認同與品牌的重要環節。然而，爲一時權宜而取巧或開特例的誘惑是一直都會有的。要秉持抽象的道德原則，還是生意要做出具體的成績，你會常常面臨抉擇。

假使競爭者、投資人、員工或顧客不苟同你的標準，要扛住誘惑就更難了。他們打破規則還不是問題，就怕他們抱持截然不同的規則。你認爲某個行動是錯的，投資人或許會告訴你那不僅完全可接受，還是「銷售 ABC」，根本非做不可。你眼中的陰招或違法行徑，競爭者可能會爲了搶生意而使出來。你的公司講求透明，凡事直截了當，但顧客可能會在更新合約、重新談判條件時，利用這 2 點來對付你。

重新考量你秉持的價值，重新評估價值如何落實，這都無可厚非，說不定你立意高遠但不切實際，流於理想主義，但你心裡還是要有一把尺，當初你就是用那把尺仔細丈量出公司的價值。如果你仍舊認定是錯誤的行爲，就不要爲它找理由，也不要找藉口，因爲降低倫理標準是條朝下走的不歸路。一旦某一類行爲在你的組織裡被大家認爲是可以接受的，要想拔除可要費好大一番功夫。

「深淵」裡多的是商業上成功，但行爲在你看來不合倫理、貪腐或違法的公司。你想要那份成功，你也看到你不齒的行爲在那些公司奏效了，縱然行爲不合倫理、貪腐或違法，你發現自己還是被拉向那些行爲潛在的利益。只有你才能決定界線要畫在哪裡，但面對深淵，警醒是唯一的防範。

帶有倫理面向的議題，更多討論請見〈信任〉〈模仿者〉和〈後果〉。你的自我也可能是怪物，參見〈負起責任〉。

從未有人提出，我們有必要也開始撒謊

娛樂業軟體公司的共同創辦人

我們揭露旗艦產品後，外界一致認為是所屬市場類別的佼佼者，此後我們直接的競爭對手行徑越來越惡劣。他們到處毒舌我們和我們的產品，欺騙我們的供應商（內容授權方）和零售客戶（我們不巧得知他們絕對不會如期交出產品）。他們欺騙媒體和消費者，試圖強迫平台所有者簽反競爭政策。他們拒絕支付白紙黑字欠我們的權利金，這筆權利金的由來是，他們在自有產品裡使用我們的智慧財產，我們為此提告。接下來，他們在法庭上漫天扯謊。

我們行得正、坐得直，其實就像跟人打鬥時還要把一條胳膊綁在背後。當時我們對這樣的事實有滿腹的挫折，但從未有人提出「也許我們有必要也開始撒謊，散播關於他們的壞話」之類的想法。我們大抵只是懷著信念：對我們的受眾和其他關係人誠實且透明，對我們的競爭對手有禮且尊重，那麼最後一切都會迎刃而解。這樣的信念感覺正確又自然，實在談不上什麼「戰略選擇」。

團體迷思

瘋狂在個體身上很少見，卻是團體、黨派、國家和時代的定則。

換句話說：人獨自行動時通常合乎理性，但當他們聚在一起、被組織成團體，就變得不可理喻了。

組織上下一心，是成功之鑰。團隊成員必須朝相同的目標做事，否則個體的努力會互相抵銷。話是這樣說，人們常以為上下一心就是眾口一聲。這不對。上下一心說的是行動，眾口一聲則是關乎信念和意見。上下一心的意思是人人同意公司正在做的事情，但未必苟同公司應該做什麼。確實，眾口一聲的情況下，達到上下一心是容易得多。

如果你公司裡的人沒能分辨上下一心和眾口一聲，公司會變成一間回音室。你聘的人都同意你的觀點，而同意那些觀點的應徵者會自我篩選。你還會施展魅力強化你的觀點。當同質性達到臨界質量，社會壓力將會排擠不合共識的觀點，結果就是團體迷思。這個詞是刻意要致敬喬治．歐威爾（George Orwell）的《1984》*。

有些人認為上述情況既舒心，組織產出又高，更讓上下一心變成一件簡單的事情。消除異音能減少意外的轉折，讓

* 編按：反烏托邦小說，探討政府權力過度伸張、極權主義、壓抑性統治所有人行為的風險。

大家專心工作，而不是爭論不休、搞政治鬥爭；再者，面對客戶和投資人的世界時，也更容易呈現整齊劃一的門面。不必多費太多工夫，就能發展一致的文化風格。何樂而不爲？

問題就在於你們的見解十之八九是錯的。商業環境的資訊不完全，也不易驗證假說有多可靠，所以認知不能不謙遜，畢竟你現下的看法百分之百正確的機率甚低，大半正確的機會也只是持平。就算你的見解大部分都正確，也只會正確一段時間，因爲世界和你所處的市場，還有你的產品，一直都在變。今日正確的看法，明天就成了錯誤。

團體迷思的環境就像螺旋彈簧或是陀螺儀，想改變它的方向，對向就有強大的力道將它送回最初的位置。你打造出來的組織經過完美調校，緊咬單一個不正確的方向。當你們歷練多了，或者市場轉向了，團體迷思的慣性會抗拒新的資訊。

尼采幫助我們了解這樣的情況多麼容易發生。人人同意的看法受歷史和社會壓力指揮，而不是由理性和現實所主導，所以團體迷思才會是「瘋狂」。此外，周圍的人都持相同見解的時候，人們往往會變得狂熱。亞倫·葛林斯潘（Alan Greenspan）稱網際網路泡沫前夕的股市爲「非理性繁榮」。在非常短的時間裡，股市的榮景完全說得通（或者從其他題材說得通），可是拉出一段距離客觀考量，股市看起來就像瘋狂了。團體和組織傾向凝聚出一套首尾一貫的意見，這是合乎團體邏輯的結果，起初會想成立團體也是爲了達成這樣的成果，所以必須積極對抗才能避免。

你必須建立一套不同種類的文化，才能對抗團體迷思的傾向，額外耗費的管理與領導的心力相當可觀。組織必須上下一心，同時又維持相當程度的歧見；團隊成員要能全心全意執行一項定案，同時又不予苟同。

具備這種脾性和能力的員工不好找，領導人更難尋。找找看高中或大學參與過團隊運動的人，此外，資深軍人都深明這條原則。從反面來說，流露含蓄傷人傾向者，都不宜聘用。

你可以培養容得下異議、又能上下一心的文化，並加以扶持。做成決定前，鼓勵意見百花齊放；做成決定後，就必須遏止所有不同意見，每個人都該把決定當成指南，著手做事。你可以把這樣的觀念教給整個組織，連同上下一心和眾口一聲的分野。待遇、升遷和解僱都有助於鞏固合宜的行爲。如果有人堅決不能苟同，要向他們表示你樂見他們能配合、未來齊心做事。這一點很重要。

你是否塑造了團體迷思的文化？不難判斷。很容易取得同意、諸多決定都一致通過，多半就有團體迷思作祟。近期的組織研究運用貝氏分析（Bayesian analysis），顯示只要有1% 的事前機率存在系統偏誤，一致同意的 10 人團體會將偏誤的機率提高到 5 成。如果組織裡竟然沒有不同意見三不五時挫挫你的銳氣，貴組織恐怕就有點團體迷思的情形了。

關於不必然附和、又能將決策付諸執行的團隊成員，更多討論請見〈思維獨立〉和〈整合者〉。關於做成決策前後時期的嚴格界線，更深入的討論請見〈堅定不移的決心〉。

思維獨立

對這2個小子，我該怎麼辦呢！……他們是我不喜歡的門生，其中一個連「不」都不會說，另一個老是把「一半一半」掛在嘴上。要是他們能掌握我的學說，前一個會大吃苦頭，因為我的思維模式需要一個尚武的靈魂，願意造成別人痛苦，樂於說「不」，皮粗肉厚——創口和內傷將會讓他衰弱不振。另一個事事折衷，結果10成功力打了對折，——我倒希望敵人有這樣的門生。

換句話說：這2個年輕人，我都不想收為門生。其中一人事事皆可，另一個事事不決。要是他們明白了我的作風務求爭強好鬥、願意讓別人不好受、樂於說「不」，還要皮粗肉厚，那麼前一個會為此受苦而失敗，另一個總是折衷，會拉低所有人的水準。但願這種人是為我的敵人做事。

考量要把什麼樣的人留在身邊的時候，你可能會考量許多方面，包括他們的動機結構、文化風格、技能和觀點。本章我們會處理思維的獨立。

厭惡「好人」（什麼都好的人）可以有很多理由，不見得要有一個「尚武的靈魂」，也就是性好衝突。如果你是一個自信的領導者，自認不怕別人質疑，辯論不落下風，但如果有人提出更高明的想法，你也能毫無難色地改變心意。那麼樣樣同意你的人，當然對你沒有助益。

出色的行爲和使命未必顯而易見。許多人會挑對自己最重要、最能借力使力的領域才開戰。對他們來說，這樣做在策略面合情合理，可是這意味許多事情上你只是一直被扯後腿。另一些人更善於操弄人心，他們會跟你爭，但只爭到一個程度就讓步，這樣既顯得他有主見，又不至於橫生事端，於是贏得你的青睞。如果你公開表示歡迎「異見」，卻在小事情上偏愛更願意同意你的人，等同自欺欺人。有時你會厭倦不同意見，只想邁出下一步。

如同尼采所暗示的，這種人沒增添多少價值，還會降低執行力。需要頂住客戶、供應商或員工，堅守我方立場的時候，這種人可能辦不到。他們雖然表面上跟你方向一致，最後卻會拐往其他方向，讓你和你的事業都蒙受苦果。

八面玲瓏、誰都不得罪的人守不住底線。這種人念茲在茲的是迴避衝突，躲掉眞誠的合作；他可能會含蓄傷人，可能會遇事游移，可能不願意全心投入。不論是哪一種行爲，都無意尋找更好的解決方案，只是想迴避爭論，或避免全力支持你罷了，對你的思考過程幾乎沒有貢獻。

尼采沒有談到第三類人：一再唱反調的人。這種人不會事事同意你，反之，他總是找得到理由說明目標爲什麼不可能達成、辦法不可能奏效。這或許該歸咎於害怕投入或害怕失敗。某些情況下則是「好人」讓組織裹足不前：有些部屬一找到機會就想推卸職務壓力，經理人卻怎樣都沒辦法說「不」，結果就是大家打假球，組織績效低落。

眞正思維獨立的人，不會抱著一套標準回應，也不會從他們的觀點使手段。有什麼想法，他們會表達，如果對自己的見解胸有成竹，他們會據以力爭，尊重在資訊受限的商業脈絡下的健康辯論。表達的風格不一而足，從激動鼓吹到中立、講求推論的調性，都有可能。這樣的人值得信任，他們會把心裡想的事情說出來。

獨立的思維不能孤軍奮戰。人們需要知道什麼時候要私下而非公開否決，要願意接受跟自己看法背道而馳的決策，爲之背書，實行起來就像決策是出於自己的意思一樣。事業體要上下一心，思維獨立不表示這會有絲毫動搖；不如說思維獨立的意思是每個人運用長才協助組織確立方向，付諸實行。

關於上下一心，請見〈團體迷思〉和〈正確的訊息〉。如果組織裡有多樣的領導者，我們有一些觀點可以補充，參見〈兩類領導人〉〈整合者〉〈信念〉〈偏離常道〉和〈內向者〉。

思維獨立的人可以幫助我們創新

蓋瑞・拉菲伏（Gary LaFever）和泰德・邁爾森（Ted Myerson）/
金融服務平台 FTEN 和資料管理公司 ANONOS 共同創辦人

在我們的經驗裡，展現出思維獨立的人可以幫助我們創新。反之，跟「好人」分享完一個想法，我們不會收穫新知。這同樣適用於供應商和顧客等組織外部的人。不論是哪一種情況，關鍵變數都是投入的程度。不願投入的人會拋出「隨便的不」或「假意應承」，就看哪一種最契合他們的目的。相形之下，願意投入的人誠懇評估過後，會給出「真摯的好」或「深思的不」。我們的例子來自兩家一起創辦的公司。

FTEN

1990 年代，直接電子市場准入*（direct electronic market access）已經相當成熟，連接全球數個金融市場的交易平台比比皆是。這些交易平台都有能力管理平台上的風險，然而沒有一家提供跨系統或跨幣種的風險管理。我們問過一位歷練豐富的金融市場工程師，為什麼市面上只有垂直的風險管理，他告訴我們：「華爾街不是這樣做事的。」這個答案就是「隨便的不」。我們又問自承對這個問題「所知沒有比較豐富」的 Colorado Front Range 工程師，他們打造了我們的跨幣種／跨系統的風險管理系統。他們的回應是「真摯的好」。新的風險管理系統一完成，它得要涵蓋所有市場才會有

* 編按：在國際貿易中，市場准入是指一個公司被允許銷售其貨物和服務至另一個國家。

效。然而我們問紐約證交所（NYSE）他們是否支援即時電子執行報告，我們的系統會用這些報告當輸入，但他們的回覆是「隨便的不」。後來我們才發現 NYSE 管電子執行報告為「清算報告」，於是用他們的行話重問一遍，我們才得到系統上路所需的「真摯的好」。我們必須講 NYSE 的語言才能徵得他們投入，克服「隨便的不」。

跟我們競爭的供應商開始進入市場，那時我們問客戶這些解決方案有沒有滿足他們的需求，他們常常都答「有」，其實他們的意思是：其他解決方案足夠他們在解決方案上「打勾」，監管單位介入的時候，這些方案足以省掉一筆罰款，或把罰款降到最低。這些客戶不想多考慮更深層的風險管理，所以他們的回覆是「假意應承」。

ANONOS

我們創辦 ANONOS 所秉持的命題是：使用包含敏感、權限有別或受法律保護資訊的資料，風險越來越高，假使能強化隱私和控制，使其粒度層級更細，可收降低風險之效。我們全球走透透，跟隱私長*、安全專家、立法委員、監管單位和白帽駭客**會晤。我們提的問題是：現有從技術面強制執行的控制，是否符合監管的目標、充分保護隱私。這些顧問給我們的是「深思的不」，理由完備，而且他們投入的心力讓我們能成功設計出嶄新的資料風險管理措施，且順利開發與部署。

---

* 編按：負責處理企業跟隱私相關的所有業務，針對各國不同的法律規範，為企業提供敏感資料的安全與使用管理政策。

** 編按：資安產業裡有些公司會僱用白帽駭客，去試探和入侵他們的電腦系統以確認這些系統的安全性，並提出建議以提高安全程度。

開發出這項創新，我們第一時間就通知某位財星百大公司的隱私長，他深耕此領域，十分熟悉歐盟即將出檯的監管措施和罰則，所以收到他正面回覆時，我們得以當成「真摯的好」。

對於問題和想法，有人願意給出「深思的不」，打從心底同意時才回以「真摯的好」，我們激賞不已。我們會積極找這樣的人共事。因為他們的幫助，創新才可能帶來蛻變。

成熟

少年得志，難免把對年齡和長者的尊重全都拋諸腦後，自外於成熟之人的社交圈，未能繼受成熟之道，其實大大不利。於是此人雖然早早有一番成就，但青澀、呱呱索求、像個孩子似的時間，反而比其他人還久。

換句話說：年紀輕輕就成功的人，對年紀較長的人往往不領情也不尊重，於是不花時間跟那些有經驗又成熟的人相處。這其實對他們不利。雖然年紀輕輕就成功，他們仍舊是新手，仍舊不成熟。

「年輕人就是比較聰明，」Facebook 創辦人馬克．祖克柏（Mark Zuckerberg）在 2007 年的一場創投會議上這樣說。到了 2016 年，Facebook 的員工年齡中位數是 28 歲。看來，尼采的論點說不定還沒過時。

祖克柏雖然表達了這樣的見解，還是向比他年長許多歲的導師汲取智慧。他早早就跟《華盛頓郵報》（*The Washington Post*）的執行長唐納．葛拉漢（Donald Graham）來往，後來他跟賈伯斯變得親近。早期就投資 Facebook 的羅傑．麥納米（Roger McNamee）是一位重要導師。至少在選擇個人顧問一事上，祖克柏顯然理解智慧的價值。

祖克柏表現的這種態度有多普遍，仍有待商榷（也備受爭議），不過，如果你是一位年輕的創業者，請小心：認爲年長者一無是處，對你有害無益。年輕人活力四射、幹勁十足，對照之下，智慧和經驗的價值很容易就不被當一回事。

如果只憑直覺回答，「文化契合」可能只讓你想到臭氣相投的人，但文化有那麼多面向，盡挑跟你或團隊相似的特質可能會造成危害，就好比只與年輕人為伍帶來的不利。這項警告不只適用於挑導師和顧問，鑑別共同創辦人和管理團隊成員，乃至於整個組織聘人的作風，都可以參考。

「天才小子」動作雖快，但燒掉一大筆錢和精力卻只是重蹈覆轍。跟年紀較長的導師相互關懷，這樣的經驗能讓你脫胎換骨，轉變成超強創業者，常常展現出超齡的智慧。這是因為許多新手錯誤永遠都會有人犯，飽經歷練的導師不知遇過多少，他們能幫你避開。

歷練豐富的導師除了協助你做商業決策，還能幫助你應付面對不同情境的情緒反應。在客戶那裡實作失敗、公關災難、打官司或失去關鍵的員工，這些事情都彷彿世界末日，要收拾的殘局讓你五臟六腑絞成一團。年長的導師經歷過這些情境好多次了，他們可以同理你，也能幫助你保持冷靜、專注和理性。

如果你的創業旅程才剛起步，可能還在找共同創辦人，不妨考慮跟年紀大一些的人組隊。近年研究指出，極端值不論，中年創業者開創的公司平均成績較佳。對於這項統計數字，一種因果解釋是領域知識的益處。在許多科技領域，深入理解產業結構都是成功的關鍵。資本、品牌或產品功能往往不是進入產業的門檻，門檻在於知道業界人士怎麼想事情，他們怎麼買、從哪裡買你販售的這種產品，他們又在乎哪些議題。領域知識需要長期累積，通常會涵蓋關係和經驗。歷練豐富、有人脈又有領域知識的人，能幫你找到市場的切角，不但能達成產品和市場的契合，還能為你鎖定的產業擬定一套可行的落地策略。

公司發展到後面的階段，要僱用主任和經理了，這時也適用類似的邏輯。財務長兩鬢飛霜，投資人心裡會比較踏實，這你多半也明白。然而同樣的道理，任用年長者擔任銷售和行銷兩職位也有類似的價值。許多行業裡，會付錢的顧客已屆中年，甚至年紀更大，如果你是向大型組織銷售產品，在組織裡有影響力、做決策的就是這些人。

對，顧客的組織裡可能有爲你搖旗吶喊的愛用者，但年紀比較輕，光靠這些愛用者不足以讓銷售成交。如果能有老手站在你這一邊，顧客心裡比較踏實，你也能預先掌握他們會關切的事項。

如果你的產品是賣給消費者，那麼，平均而言，年長者的可支配所得比年輕人多得多。即使實際使用者年紀比較輕，付帳單的也可能是他們的雙親。對於這些消費者會怎麼想、怎麼做，能有一番洞見是非常重要的。由同屬特定人口學族群的成員來解讀資料，會容易許多，此外，他們也知道要搜集這群人的哪些資料。

最後，要確保公司上下的招聘流程和態度，不至於「未審先判」，逕自打發掉年紀較長的應徵者，可能會錯失年紀不巧較長的優秀員工。

除了這個明顯的理由之外，因爲你僱用的人歷練普遍較淺，縱然有簡易且經實戰檢驗的方法存在，公司還是會浪費時間從頭發展戰術和戰略。此外，這樣做也會造就特定形式的團體迷思，你的新創公司將因此遭殃。處於生命不同階段的人，想事情的方式往往不同，優先次序也不一樣。讓不同思考方式相互激盪，有助於推動你的事業迎向成功。

歷練豐富的導師、共同創辦人和經理人能協助你避開哪些類型的新手錯誤，一些例子請見〈顛覆的耐性〉〈找到你的方向〉和〈團體迷思〉。關於領域知識的益處，更多討論請見〈做顯而易見的事〉。

我做生意的哲學，基礎是受他影響所塑造

布萊德．菲爾德 / Foundry Group 共同創辦人與合夥人

雷．法斯勒（Len Fassler）在這顆星球上活了 89 個年頭，於 2021 年的第一周結束時逝世。

雷是我的尤達大師，角色宛如父親，也確實就像我父親那樣拉拔我。我深深愛著他，也將日日想念他。

1993 年春天，Allcom 的執行長吉姆．蓋爾文（Jim Galvin）把我介紹給雷認識。雷的公司 Sage Alerting Systems 剛併購了 Allcom，雷問吉姆，波士頓這地方還有誰值得聊聊。菲爾德科技的客戶如須架設網路，向來都跟 Allcom 合作。因此吉姆介紹我們認識，約了波士頓市區靠近我辦公室的一家餐廳用午餐。

之後不久，雷打電話給我，問我有沒有興趣把菲爾德科技賣給 Sage Alerting。戴夫和我花了一點時間才決定要賣，不過 1993 年 11 月就完成了併購。

結果雷和我在過去 27 個年頭裡多所共事。菲爾德科技將出售給 Sage Alerting Systems（後來改名 AmeriData）時，要簽署文件，簽完，雷和他的合夥人波希（Jerry Poch）送我一件布克兄弟（Brooks Brothers）的條紋衫，我還留在身邊。1994 年，我開始做天使投資，雷跟我一起投了許多家公司，包括 Net Genesis、Harnomix 和 Oblong。我們接著跟另兩位合夥人共同創辦 Sage Networks（後來改名 Interliant）。我在 Mobius 風險投資公司擔任合夥人期間，

投資了 Vytek，這家公司也是雷共同創辦的。我以天使投資人的身分個人投資了 Core BTS，這是 Vytek 被併購之後，雷共同創辦的公司。

我們的關係奠定在散步上。每次我們人在同一間辦公室，雷要是走近我的辦公桌說：「布萊德，我們去散個步。」我就知道我們要一起動腦筋了。分處異地的時候，講電話就是一種散步。他能直接且清晰地提出問題，迅速理出頭緒，這種才能教人讚嘆不已。

不論是買公司、賣公司，還是進行交易的方法，我所學到的一切都來自雷。不論交易金額大小，只要你曾經跟我談過生意，我都在仿效雷的做法。我從雷身上學會如何當一個董事會成員、如何完成談判、如何拒絕談判、如何發揮同理心、如何讓自己能為人所用。遇到辦法不奏效，或是事情沒有按照我的意思發展，他也教了我如何放下。

我記得在首次公開上市的路演*後，坐在 Interliant 紐約的辦公室，等待證交會審核申請書，我們才能定價。我們在等候一份文件，到手之後再簽另一份，銀行家就會為這次招股定價，隔天早上就會就公開上市了。傳真機印出 10 頁（而不是 2 頁），都是針對證交會申請書的附帶意見（美林 3 周前跟我們說：「這份文件路演時提就好了——證交會每次都準時核可」），我們知道當天晚上定價是沒指望了。委託簿**2 天後

---

* 編按：Roadshow，是國際上廣泛採用的證券發行推廣方式，指券商發行證券前針對機構投資者的推介活動，是在投融資雙方充分交流的條件下促進股票成功發行的重要推介、宣傳手段。

** 編按：order book，會揭露出限價委託到證交所的單子，投資人能知道目前成交價的上下 5 個價位掛單情形。

崩盤。2 個月後，公司還是公開上市了，只是那一晚我們喝了好多瓶威士忌。

2000 年 12 月 1 日，雷從紐約打給我。我記得那通電話上他告訴我 Cable & Wireless 在併購 Interliant 的案子上遲遲沒有作為，交易毫無進展。C&W 的董事會剛發現他們多年來第一次第一季虧損，於是喊停所有併購活動，拍板定案就甭提了。當晚差不多有 50 位朋友齊聚綠石楠餐廳，原來艾米為我的 35 歲生日安排了驚喜派對，雷也在其中。每次挫敗他都能處之泰然，這份能耐教人難忘。

2015 年 6 月，Fitbit 公開上市的前一天，我記得我跟雷在我下榻的格拉梅西公園的旅館用早餐。他說格拉梅西公園是一座私人園區，他從沒來過，於是我們從門房那裡借了鑰匙，繞園散步，聊了一個鐘頭，又閒晃到柏魯克分校的校舍群附近再聊了一會兒。那天早晨結束在一個大大的擁抱裡，我們相處的每一天都是這樣開始與結束。

我愛雷那樣把手臂摟著我，我愛他總是給我擁抱。面對面，或在電話上道別時，我們曾那樣說過「我愛你」，讓我眷戀不已。

雷改變了我的生命。他留給我一句我第二喜歡的格言：「他們殺不了你、吞不下你。」（第一喜歡的格言是我爸爸說的：「臨淵而立，不然你就占用太大的空間了。」）

如果你曾聽我說過「你願意花 1 美元買嗎？」我是從雷那裡學來的。我做生意的哲學，如今叫作「# 先給予」，基礎是受他的影響所塑造。我曾與許多律師出身的創業者共事，雷是第一個，他幫助我領略法律在商場上的重要，以及商業判斷在法律中的分量。

　　雷無與倫比的才情，是建立情感深摯、經得起考驗的關係，以及從這樣的關係「傳授成熟之道」的能力。他曾影響的人和愛他的人，都是非比尋常的多。

整合者

必不可少的門徒。——在12位門徒裡，必要有一位如磐石般堅硬，新的教會才能從他身上建起來。

換句話說：一個人身邊的追隨者可能會輪流領導，剛強不屈的那個必不可少，這樣才能達成目標。

優秀的管理團隊裡，有形形色色的人格類型和作風。乍聽之下這違反直覺，看事情的方式跟你相仿的人，難道不會比較容易共事嗎？畢竟上下齊心是領導的目標之一。然而上下齊心跟眾口一聲是兩回事，管理團隊內有君子之爭、你來我往，才能確保團隊不淪爲回聲室，否則你會忽略所處商業環境的複雜性和細膩處，做出偏頗的決策。

有些人善於出點子，有些人善鑽營，有些人嗅得出機會，這些類型的人容易答應事情，傾向不疑有它，善於鼓舞人心、樂觀處事，常常只看事情好的一面。另一些人「如磐石般堅硬」，他們滌濾想法、緩和風險、經常說不、追究責任，比起隨興安排，他們偏好白紙黑字。在《火箭燃料》（*Rocker Fuel*）這本書裡，吉諾·威克曼（Gino Wickman）和馬克·溫特斯（Mark Winters）分別稱這兩種角色爲「前瞻者」和「整合者」，建議公司的領導班底兩種類型都要網羅。兩類人都能當創辦人或執行長。財務長或工程副總常常是整合者，而銷售副總往往是前瞻者。如果公司有營運長，此人跟執行長常常是相反的類型，這或許也是比較理想的情況。

話雖如此，別錯以為你的目標是湊出一支秉性南轅北轍的團隊，反之，最優秀的人才在不同方向各有所好，努力拉回來一點點而已。所以，如果他們起初各執一端，就需要「提升等級」，學習用別的方法看事情。這樣的成長與其說是要改變他們的角色，毋寧說是要讓整支團隊有可能以高遠的決策和齊心行動為前提，共同努力。

如果你不是堅硬如磐石的人，請確保團隊裡有這樣的人，並學習欣賞那個人，欣賞他如何為你嘗試興建的「教會」打好基礎。教他怎麼提出替代方案，而不是逕自說不。鼓勵他斷然表示不以為然之前，先聆聽想法。當他拉住你，讓你不至於害了自己的時候，請表示感激。

如果你堅硬如磐石，恐怕會大大同意尼采的說法。果真是這樣的話，不妨給自己一點挑戰，試著讓別人也相信這樣的想法，加以器重。有些知名的新創公司，從未張羅基礎建設，公司每天亂成一團，仍舊大為成功——直到有人掏出大把鈔票買下公司。結果，有些人就做出結論：營運公司那些讓人提不起勁的嚴謹事務，不必放在心上。與其接受這種說法，不如找出有出色想法、但沒顧好讓人提不起勁的事務而失敗的公司。這種公司多太多了，只是因為沒有繼續營運，又鮮少廣為人知，所以比較難發現。儘管如此，這樣的例子仍比比皆是。

堅若磐石的人不創造機會，他確保公司的領導班底對重要決策深思熟慮，而非倉促為之。他堅持人人都要謹守公司的底線。他會確認你要掌握的那些機會確實會奏效。公司的「門徒」，管理團隊裡，至少要有一人必須這樣思考。

上下一心和眾口一聲之間的差異，更多討論請見〈團體迷思〉和〈正確的訊息〉。如何帶動組織跨越南轅北轍的隔閡，更多想法請見〈超越〉。關於整合者的好處，請見〈清理〉。

3 自由精神 FREE SPIRITS

對尼采而言，最優秀的人是有他所謂的自由精神。《查拉圖斯特拉如是說》開篇不久，有一節題為〈三種變形〉（*drei Verwandlungen*），描述自由精神完全發展必經的三階段：駱駝、獅子、孩子。駱駝是負重致遠的野獸，謙遜而非貶抑自己，品行端正，為了完成必要完成的事情，牠什麼困難都願意扛。有些人選擇過舒服輕鬆的日子，將精神留在「沙漠」裡，駱駝跟他們格格不入，於是在沙漠裡，駱駝變形成獅子，積極反對傳統、禁忌和現狀。值得一提的是，對於世界的「你應該」，獅子答以「神聖的不」。獅子雖千萬人吾往矣，孑然一身，搗毀偶像。然而單單說「不」的精神無法創造新價值；要創造新價值，精神必須變成孩子，具備入門者的心智。在他的眼裡，世界宛如遊戲，正值嶄新的開始，恆久運動著。孩子說「神聖的是」，這讓他能隨心所欲，獨立自主而非被動回應世界。按靈性論者肯恩・威爾柏（Ken Wilber）的說法，這些變形並非逐一凌駕前一階段，而是「超越並涵容」。

不難看出尼采的「三種變形」如何對應到顛覆產業的創業之路。駱駝使命必達，可是為了更多的產出（而不是一點一滴的改變），陷在當前的任務裡，不可自拔。獅子看見世界壞損之處，拒絕隨波逐流，卻沒有辦法找到真正新穎的路徑。孩子把自己從種種羈絆中釋放出來，重新開始，這讓他有能力創造嶄新的做事方式，從根本撼動業界。

斯多葛主義的哲學就跟駱駝階段類似，縱然不是完全相符，但前者對創業者來說是關鍵的第一步，因為別的先不說，創業者必須願意捲起袖子做事，接受無可避免的心理打擊。經營一家小企業或顧問公司有其價值，受僱於高速成長的創業公司有其價值，但如果你胸懷大志，想要建立一家規模大、分量舉足輕重的公司，那你勢必要跨過駱駝的階段。

尼采還做了另一項區分，使他的立場跟斯多葛主義有所不同：日神與酒神，源於阿波羅和戴奧尼索斯兩位希臘神祇。對尼采來說，阿波羅代表人冷靜、理性、運用概念並講求方法的一面，而戴奧尼索斯代表熱情、歡暢、社交和狂喜的一面。後啓蒙的世界，在尼采看來，已失去這兩面的平衡，他為病入膏肓的社會提倡戴奧尼索斯精神這帖解藥。這樣說，並不表示他認為人要完全放棄阿波羅精神、活得像胡言亂語的瘋子，反之，他認為是比例失衡了。阿波羅精神跟斯多葛主義有許多共同點，像是遠激情、親理性，偏袒專心致志的努力，就像駱駝一樣使命必達，卻遺漏了關鍵的事物。

你對每章的感觸多深，取決於你目前是駱駝、獅子還是孩子。如果你想活絡心智，不妨先以駱駝的心態讀過各章，次以獅子，最後以孩子。試著從三種變形的觀點，逐一考慮你會如何以不同的方式應對當前的情境。

偏離常道

沒有生性偏離常道的人，就不會有進步。

換句話說：有些人好用與眾不同的方式做事，他們是進步所必須。

打造規模大且舉足輕重的事業，只是一點一滴的改變不夠，通常要製造出人意表、顛覆產業的改進才行。哪種人能打造顛覆產業的變革？這樣的人不會因爲大多數人的做法而感到從眾的壓力。他們不跳脫框架思考，而是問「哪來的框架？」他們不只有好點子，而是從截然不同的角度看事物。在旁人眼中，他們的點子常常近乎瘋狂。我們可以說，他們「生性偏離常道」。

思維非凡又有遠見，乃是顛覆產業與成功的必要條件，但並非充分條件。許多特立獨行的人，雖然有不凡的點子，這些點子卻無濟於事；即便成功，他們的瘋狂爛點子恐怕還是比好點子多。哪些人的瘋狂點子是好的，哪些瘋狂的點子是好的，沒有可靠的辦法能事先知道，檢驗是唯一的辦法。

生性偏離常道有一項重要的特色：非凡的點子不會只藏在心裡或掛在嘴上，而是願意把點子付諸行動。如果你性情中規中矩，但公司裡有人偏離常道，你必須幫忙揀選點子，加以檢驗。檢驗和學習在新創公司如此重要，這是原因之一。

在所營事業裡見解獨到的人，通常在生活的其他領域也有「偏離常道的性情」。他們在社會上跟別人格格不入，大致反骨，懷疑權威，或者盡其所能也講不清楚想法：程度有別，但你可以造就傑出的創新，同時不至於被社會唾棄。話說回來，會讓公關和人資部門皺眉的怪癖和行爲，恐怕是免不了的。

就像你這家公司裡的其他所有事情，偏離常道的性情也需要有所管理。公司要能從前瞻的想法受惠，同時不會因爲怪癖或反骨行徑而蒙受損失。如果你是生性偏離常道的人，不妨找能在世界和公司，以及你危害最甚的嗜好之間充當緩衝的人當合夥人或員工。這樣做除了能更成功之外，你大概也會更快樂。如果你團隊裡的某人具備有價值但又偏離常道的性情，請劃定其職責，不與他人重疊，至於他們的互動也請以類似的方式管理。目標是爲他們的創意思考推一把，令其得以發揮，藉此顚覆世界，卻不至於顚覆貴公司的正常營運。

關於製造大規模而非微幅改善的重要，更多討論請見〈壓勝〉。關於管理顚覆的範圍，更多討論請見〈找到你的方向〉。關於生性偏離常道的創辦人，其職責爲何，更多討論請見〈兩類領導人〉。關於既有遠見、又有一路照看的驅力，更多討論請見〈天才〉。

創業者只能是我了，只是因為我願意閉嘴，開始做事

陸克．坎尼斯（Luke Kanies）/ 通訊軟體公司 Clickety、軟體管理公司 Puppet 創辦人

傳言說，你在玩德州撲克的時候環顧全桌，如果你不知道誰是「韭菜」，「韭菜」肯定就是你了。當我創辦 Puppet 的時候，韭菜就是我。

年度的LISA（Large Installation System Administration）會議，我連續參加好幾年。這是個圍繞著網管組織起來的社群，成員有的看顧學校幾台機器，有的在大公司或研究環境，管理巨大的基礎設施。能找到其他跟我做同一門工作的人，讓我一開始大喜過望，但很快就變得憤世嫉俗。身邊的網管太投入工作的枝微末節，不明白工作有多大的改善餘地。他們滿足於已經擁有的事物，然而我找上這個社群就專門是想幫忙改變一些事情。

我發現一個較小的群體，比較契合我的目標。他們篤信自動化之必要，這讓他們有別於研討會上的其他人。這個圈子裡的每個人都在打造自己的工具，試著重新框定網管這個職位的工作內容。我加入了社群中的社群，群衆裡的小圈圈。這就是我的歸屬。

原來是我一廂情願。

沒多久我的期待又落空了。這個團體其實是為了智識面的追求而湊在一起，他們渴望證明一些抽象的事物，沒興趣將信念付諸檢驗。坐在燈光昏沉的房間裡，滔滔不絕地爭辯誰的工

具「比較好」，他們就心滿意足了。

我從那些對話學到很多，但總體而言極其反感。抽離小圈圈，環顧研討會，需要幫助的人比比皆是。他們的工作大部分是重複、沉悶的作業，只有緊急事故發生的時候才有所起伏；他們的主管衝進來怪罪網管，迅速離去，沒有做任何事增強他們的能力、給他們資源，以修正核心問題。

我所在的這個小團體只是爭論，這樣可沒辦法改變世界。總要有人做點什麼，總要有人把這些腦力激盪轉化成人人能用的產品，何況打造產品還不夠，那時我已經知道：要耗費一番功夫，才能讓市場採用新科技。產品需要銷售團隊、行銷，還要客服人力幫客戶把產品設定好。

我們當中要有人創辦一家公司。

本來這人明顯不會是我，畢竟房間裡的每個人都已經有跑得起來的軟體，已經有能用的科技了。他們多半都有博士學位，他們開始思考這個問題的時候，我連電腦都還沒有。我唐突進場只是為了敦促、幫助其中一人「撩落去」。

然而離開房間的時候，我因我們這群人的無能而忿忿不平。身邊全都是自己能幫上忙的人，我們卻爭辯著各種解決方案的好處，但沒有人能使用那些方案。簡單說，其他網管只知道自己過得很痛苦，不知道有改變的機會，不知道原因，甚至不知道有解法存在。我們這個小團體就像一群醫生，周圍都是受苦的呻吟，我們還在為理論上的解藥唇槍舌劍。3 年來，我跟同一群人吵同樣的事情，唯一改變的就是我的耐性。我仍舊愚昧，他們仍舊正確，沒有人過得更好。

很明顯，其他人圍坐聊天就滿足了，但我沒辦法。我必須有所行動。我們從來不缺點子，卻是行動的侏儒。我環顧房間，找不到創業者，那創業者就只能是我了。不是因為我正確，只是因為我願意閉嘴，開始做事；因為我更在乎幫助廣大社群的人，而不是在菁英社群裡說贏別人。

於是這解放了我去寫 Puppet，一套自動化框架，它能網羅所有枯燥乏味的工作並照做無誤。我的客戶靠 Puppet 的穩定和迅速的回應時間，大都免於被炒魷魚。我們一邊擴大，使用者自發感謝我拯救他們的職涯，讓他們得以升遷，幫助他們不必花那麼多時間值班，有更多時間陪家人。

我一腳踩在網管陣營，另一腳在自動化的子團體，但其實兩邊都不是我的歸屬。正因如此，我才能帶動整個社群。

執著

在高尚之人身上洋溢、又不為他所察覺的特異氣質，就是激情。是他運用的罕見而獨特的量尺，幾近癲狂。是他那對於被眾人漠視事物的熾熱情懷，是他能認清那些任何桿秤都無法衡量的價值，是他奉獻給無名之神的祭壇牲禮：不欲人知的勇氣和過分的知足，這也授予了世人和萬物。

換句話說：高尚之人有非凡的激情，卻不明白那份激情有多麼不平凡。他對成功設定高標準，對別人覺得沉悶的事情興致盎然，對未來會變得有價值的事物很敏感，動機熱切卻無從解釋，無須別人讚頌便滿懷勇氣。不靠別人支持，就有能力維持並縱情其中的能力。

你或許注意到這章的標題是〈執著〉，不過尼采談的似乎是激情。多年來，布萊德寫文章、做演講，要創業者別落入「激情」的陷阱，「執著」才是他尋覓的品質。字典裡的激情大抵是一種強烈的情緒，而執著是心智全神貫注。我們隱隱覺得尼采試著做這樣的區分。「執著」這個字後來才進入普通的用法裡，而尼采在前面的正文裡說過：「是什麼讓一個人『高尚』？……肯定不是因爲他大致跟隨激情行事，畢竟讓人瞧不起的激情也是有的。」下面這個問題值得你捫心自問：你是執著於事業以及它能爲顧客解決問題嗎？還是說你只是對事業抱持激情？

如果你打定主意要顛覆某個產業，或者是改變世界，那世人免不了會認爲你瘋了、不近人情，多半還有點反社會傾向。

說不定你就是這樣。世道如此，你必須找到內在的驅力才撐得下去，才有辦法繼續努力。你必須清楚自己的願景，清楚那幅願景對你而言爲什麼重要。記住，願景正確與否，跟你向別人解釋願景的能力無關。別錯以爲有關。你必須執著。

縱使你成功了，世人也不會異口同聲地讚揚你的遠見和毅力。自認先想到那個點子的人會來告你，自認你的成功有他一份功勞的人也會來告你。你要有心理準備。你帶來顚覆，有人掉了飯碗，他們會絞盡腦汁，讓別人看你就像個沒血沒淚的人。世人一邊使用新貴的產品，愛不釋手，一邊批評新貴的財富。從蔑視到嫉妒，從嫉妒到敵意，都只在轉眼之間。

說到底，你必須爲了自己的目的追尋願景和事業，但這不表示你就要無視誠摯的忠告，也不意味你指望不上有人完全理解你；對於尋求的目標，你還是可以期待有人跟你有相同程度的熱切和內在的驅力。爲你工作的人、投資你的人、買你的產品的人，他們熱衷你的目標，而那份熱衷會來自於你。如果起頭的時候，你沒有感受強烈的執著、執著沒有在你身上「洋溢」「幾近癲狂」，那別人的熱衷會是不可承受之重。你要有心理準備。

關於執著的重要，更多討論請見〈堅持〉和〈工作就是獎賞〉。關於成功潛在的陷阱，更多討論請見〈成功的陰影〉。

洋溢激情的生活及其所有後果，會造成沉重的情緒成本

布雷·佩提斯（Bre Pettis）/ 3D 印表機製造商 MakerBot 共同創辦人和執行長

創辦 MakerBot 不久後，我找到了靈魂的歸宿。2009 年初，我的生活充滿正能量。那時我是創意慈善家，前 4 年都在產內容，用自己的雙手創造價值，在網路上免費送出，讓其他人據以打造其他東西，讓價值再放大。2004 到 2008 年之間，我有機會認識許多創意滿點的網路先驅，又對烏托邦感興趣。在我的想像裡，用電腦控制的工具賦予想法形體，創造無窮價值，那就是烏托邦。

MarkeBot 創辦於 2009 年 1 月，它的商業模式脫胎自烏托邦的想像。烏托邦的理想是這樣的：我們設計東西，並分享那些設計。使用者會改進我們的設計，再分享回來。MakerBot 會從使用者創作的改善中獲益，讓所有人都能買得到。做過生意的朋友告訴我這是商業自殺，他說，如果我們造出很棒的機器就會被仿冒。我自以為是，一笑置之，表示我們的商業模式讓我們彈性十足，能比競爭對手更創新。

早期募資遊說投資人的時候，我把 MakerBot 的開放標榜為公司的巨大優勢。尼采談到激情可能會讓高尚的人沉溺其中，我可以向你打包票：激情確實讓人陶醉。別人認為某件事完全沒道理，你卻深信不疑，那感覺同樣棒透了。那時是 2009 年，3D 印表機對大眾來說就跟時光機一樣讓人困惑。

MakerBot 團隊發表了 3D 印表機 MakerBot Replicator，

而且秉持我們的商業模式將藍圖公諸於世。仿冒開始了。我終於下了不討喜的決定，從純粹烏托邦的商業模式抽身，MakerBot Replicator 2 推出時，我們會取得外觀的設計專利，那麼仿冒品至少要把外觀改得不一樣。我固然想證明風險重重的烏托邦商業模型可行，但經營一家壯大創意的公司才是目標，目標比較重要。不幸設計專利未能遏止仿冒，買仿冒品的客人遇到問題甚至還打來 MakerBot 的客服求助。荒唐歸荒唐，我們還是勇往直前。回顧這段時間，我沒能讓眾人都接受我的決策，兩面不是人，可是為了實現有創意加持的 MakerBot 大行其道的未來，我認為那是正確的決策。

2013 年，MakerBot 改變了很多。

桌上 3D 印表機 MakerBot Replicator 2 換了新商標，銷售一發不可收拾。公司又忙著招人，人進來轉了一圈就走，再招；變動帶來壓力，員工倦怠的有，盛怒離職的也有。我的毛病是想要別人喜歡我，常常躊躇太久才解僱人，等到我終於肯放手，對方積恨更深。有些人告我，有些人恨我、恨公司，但還是想要他們參與打造的公司股份。那年年中，公司被併購了。

漩渦捲到半途，有一部關於 3D 列印產業的影片發行。我讓製片人深入了解我們的營運情況，跟公司人員密切接觸，預期這部電影會記錄我們的辛勤工作和成就。然而並沒有。劇組把焦點放在我本來唱高調、卻從烏托邦商業模型抽身的肥皂劇上，把那個時刻描繪成跌落神壇，而不是在低谷中學習。他們訪談心懷怨懟的前員工，聚焦用 3D 印表機製作槍械那傢伙惹起的風波，至於我，我被描繪成一個未能把持住理想的失敗者。

我曾是尼采筆下的反社會人士，不得不反躬自省，從內心找到驅力以對抗困難。因為沒有能力讓眾人異口同聲讚揚自己，我曾備受煎熬。我曾支持厲害的人和優異的團隊，完成了辦不到的任務；我曾解僱人，在別人眼中我沒血沒淚；我曾眼看著自己團隊的成果被讚揚、被利用，卻同時因為成功而遭批評。我感受過蔑視到嫉妒、嫉妒到敵意的變化。我沒有得憂鬱症，謝天謝地。雖然生性樂觀，我仍舊要發展出內在的情緒工具，才有辦法接納人性的殘酷。謝天謝地。挺過這一切事情而壯大，讓我有一種突兀的榮譽感，同時備感煎熬。

洋溢激情的生活及其所有後果，這條不歸路，會造成沉重的情緒成本。如果你自認催生新事物是你的天職，願宇宙間所有的支持和友誼能幫你挺過來。

工作就是獎賞

那種寧願死也不工作的人越來越罕見了，要有，那就是難以滿足的挑剔者，不以豐厚的酬勞而滿足，除非工作本身使其滿足。

換句話說：有些人寧死也不要做乏味的工作，這樣的人極其挑剔一份工作的品質，工作本身就是獎賞，賺錢則在其次。

你執著於自己的事業嗎？抑或你是爲了錢才做？

不論出於什麼動機創業，只要動機夠強，幾乎都有可能成功。每種動機，都有它的優勢和陷阱。執著的創業者更容易撐過難關，但要做決策的時候，可能會當局者迷。受財務因素驅動的創業者會把握貨眞價實的機會把事業做大，但他領導的公司可能會缺乏一個奉行不渝的核心使命，也許比較容易半途而廢。動機最強的創業者當中，試圖向家人或朋友證明一些什麼，或是向敵人施加報復，是其中一部分的首要動機。有些成功的創業者感興趣的是，不論什麼事，就是要把那件事做好，實際的產品或服務則是次要的。

你所執著的事物不見得跟市場上的機會一致。有句格言很流行：「尋你所愛，做所愛的事情討生活」，言下之意，好像人做任何事情都能討生活，但你或許會需要爲那件事放棄許多享受，生活風格有所妥協。藝術家、詩人和音樂家當中，只有一小撮人收入超過基本生活所需；創業也是一樣，只有一小撮商業點子能開花結果，遑論顚覆行業，那是鳳毛麟角了。

仔細留意尼采的說法。對這種稀罕的人來說，賺錢不能讓他們滿足，前提是工作本身就是獎賞。他不是在談完全唾棄財務考量的人。聰明的投資人尋找執著的創業者，不過他們執著的點子必須是會賺錢的才行。兩者要能對得上，不然這門事業充其量只能是生活風格事業——而且要成功才算數。

你有通盤理解自己的動機嗎？你執著產品嗎？你想要顛覆已經建立起來的制度嗎？你想賺到讓你能自由追求內心渴望、無關營生的激情嗎？你念茲在茲的只是不想幫別人工作？對大多數人來說，上面這些考量都有一個位置，只是比重人人不同。你怎麼衡量上述和其他的要素呢？先理解你的動機，再跟商業需求對接。

關於執著這種動機的源頭，更多討論請見〈執著〉。關於讓投資人躍躍欲試的機會，更多討論請見〈壓勝〉。商業目標跟你的動機相匹配是很重要的，更多討論請見〈找到你的方向〉和〈持續惕勵〉。

我和團隊是為了比錢更壯闊的事物才投入這家公司

朱德·瓦勒斯基（Jud Valeski）/ 社交數據搜集服務商 GNIP 創辦人及前執行長、攝影師，也是天使投資人

我從技術長成為 GNIP 的執行長後，得知近期有一份合約在我不知情的狀況下就簽署了，立刻深入瞭解我們到底簽了什麼。我發現這份合約對我們來說利潤豐厚，然而，我們的產品和工程團隊也會因此被抽離核心的產品前景，轉而投入開發對方產品所需的功能。這份合約實質上會扭曲我們的想法，把我們變成一家顧問公司，但公司上下都不是為這種事來上班的，我們都無意變成打工仔。

合約已經簽了。我必須決定要不要為了拯救我們的產品路線圖、願景和文化，撤回公司的承諾。毀約會讓我們履約的名聲掃地，加重財務壓力，卻也讓我們能夠忠於欲求和願景。我和團隊是為了比錢更壯闊的事物才投入這家公司，於是我致電對方，道歉，並解釋我們不得不毀約的原因。我告訴他們我明白這樣做的後果，但不會依約投入心力了。對方當然氣急敗壞，畢竟現在是他們的產品路線圖陷於危機，不過他們還是尊重我的決策。

這個危機揭露我們真實的動機，還有，要點在於，為了貫徹動機，我們願意做到什麼程度。

爲自己歡欣

「喜歡做事」，人們這樣說。其實是由做事而為自己歡欣。

換句話說：人們說你應該喜愛自己做的事情，但實際上是由你做的事情來喜歡自己。

事業剛開始的時候，你想著要改變世界、要怎麼賺錢、怎麼組織團隊、激勵士氣，還有許多大大小小的因素。你胸懷願景，但求願景實現，流血流汗流淚都在所不惜。或許是把世界變成更好的地方，或許掙到了財富，或許兩者都占一部分，可想而知，這都是可寄望於實現願景帶來的滿足。

如果你善於自我覺察，你就會了解：該享受的不是目的地，而是旅程。顯然就連在尼采的時代，這都是老生常談，但仍舊值得強調的是：大多數事業要花好長一段時間才會開花結果，有些根本等不了那麼久。如果讓你起床上班的理由僅僅是渴求成果，而不是每天付出的實質心血，那熱情和動力恐怕難以爲繼。即使你自己力求成果就能心滿意足，過程中欠缺喜悅的情況可能會反映在組織的士氣上。務必對進行中的事業懷有欣喜，才能獲得最終的成功，實現你的願景。

試想：你開始了一門事業，而且是你自己的事業。這事實顯示你勇於行動，在乎事情能否在世上成就。像你這樣的人享受創始與打造事業過程裡的人群、科技、思維和領導等要素。對，你志在實現願景，你爲此歡欣；對，縱然這番努力包含日復一日的事務，但你甘之如飴。甚且你爲自己而歡欣，因爲你不會只做春秋大夢或誇誇其談，你是（或正成爲）實實在在去做事的那種人。

不論最終是否實現了你的願景，請爲過程而歡欣，請爲自己而歡欣！

胸懷願景又有實現願景的驅力是很重要的，更多關於其重要性的討論，請見〈天才〉。維持付出心力的熱情也很重要，關於其重要性的討論請見〈顚覆的耐性〉和〈持續惕勵〉。關於把創業當作個人發展，更多想法請見〈成功的陰影〉和〈超越〉。

我愛這段旅程，所以我愛我的工作

賈桂琳．羅斯（Jacqueline Ros）/ 個人安全警報器 Revolar 執行長和共同創辦人

我熱愛我的工作。滿腦子想著 Revolar 入睡，睜開眼還是想著 Revolar，連做夢都是做 Revolar 的夢。不僅我熱愛自己的工作，幸運的是我還有同夥，而且共同創辦人跟我一樣深愛我們一起打造的事物。是上天的眷顧，投資人和團隊成員相信我們的使命，也就是運用科技讓社會變得更好，幫助社群變得更安全、更健康。但就像在所有關係裡，愛都是一種選擇。就像在精彩的浪漫喜劇（我愛死了）裡，角色很容易就落入「有愛沒障礙」的陷阱。用愛就能發電了，對吧？可惜真相並非如此。

曾有人跟我說，在新創公司，團隊會直接反映出共同創辦人的影子。創業初期的一次員工面試，我重提了這句話，說如果這句話屬實，那有這麼不得了的人願意跟我們一起工作、投入我們的使命，我備感榮幸。面試者答道我的一席話強而有力，也展現我顯然有學習怎麼愛人、怎麼跟自己和平共處。

接下來這部分很難下筆。我是第一次當執行長，就跟所有第一次一樣，有些地方我會自欺欺人。好比信心：你不把自己騙過去，就不會有足夠的信心抵達下一個層次。我記得自己一次又一次惦念著：我深深關心這群人，不會犯下讓他們丟飯碗的錯誤。我覺得好多執行長都沒血沒淚，我不會跟他們一樣的。

但最近幾個月我慚愧不已。以前見識別的執行長做的決策，很快我就變得心有戚戚。以前竟然覺得沒血沒淚，雖然他們不知道我這樣想，但我簡直想去找他們道歉。我不得不盯著鏡子裡的自己問：「如果我的團隊就是我的鏡中倒影，而現在我站在鏡子前，我犯了錯，或者我遭遇無法控制的阻礙，那為了成長，我會選擇切割自己的哪部分？團隊的哪部分？」

　　這種時候，我倚靠我的共同創辦人，他在許多方面都是我的靠山。我跌至低谷，從來不知道能跌這麼低的新低。他告訴我：「小賈，我知道很難，但就算會傷害我們關心的人，我們也必須把 Revolar 照顧好，不然對不起那些忙到跟瘋子一樣的夥伴，還有投資我們的人。」那時我們在討論即將出台的決策，將會從我們的 26 人團隊開除好幾個人。就連提筆寫這些都好沉痛。

　　愛是一種選擇。

　　我選擇重新愛自己，才能重新愛上 Revolar 這段旅程。我親手把自己推向從沒想過會去探索的地方。我每天都學著重新愛上高潮和跌宕，重新愛上我的人性，以及我的人性如何影響正在茁壯的、專心致志的團隊。我學會重新愛上從最微小的細節到最浩大的策略環節。但最重要的是，我了解到每一天都是一個選擇，而每一天我都選擇跟 Revolar 這段不完美的旅程墜入愛河。我愛這段旅程，所以我愛我的工作。

　　我的新座右銘：每天都做這個選擇，讓這段旅程把我變成更好、更務實、更富同理心的人

玩得上手，展現成熟

男人的成熟：意味著重新發現的認真，那種在孩提時，在遊戲中曾經擁有的認真。

換句話說：真正的成熟是恢復遊戲中的孩子那種專注和熱切。

請觀察沉浸在遊戲裡的孩子，他們全神貫注，從一個想法流轉到下一個想法，絲毫不逗留。有時他們不知怎麼地就重複了動作或複述先前講過的話，要說有什麼原因，那就是他們真的樂在其中。他們既沒意識到自我，也不在乎誰看；有時創作，有時建造。他們可能會興高采烈地將之毀去，也可能會得意洋洋向人展示，或者就只是遊戲。孩子認真對待遊戲，指派給他們任何雜事，他們肯定都不會這麼認真。

把遊戲中的孩子跟歷練豐富的員工相互比較，不論是經歷還是個別的貢獻者，他們做事都散發出一種認真，但似乎跟遊戲中的孩子不大一樣。他們感覺就像是被外在的需求和責任所驅動，常常透露出一絲不耐或挫敗，或許也有無聊。那股認真是刻意爲之：他們之所以在乎，是因爲別人付錢請他們在乎。人們往往把這種態度當作成熟，或是大家常說的「像個大人」：振作起來，不想做也得做，因爲總要有人做。

總要有人做——爲了某個更浩大的目的服務。賽門・西奈克（Simon Sinek）在他的書《先問，爲什麼？》（*Start with Why*）裡寫道，目的，也就是「爲什麼」，超越「什麼」和「如何」。如果你能將日常的活動連結到更大的「爲什麼」，那你就達到了成熟的新層次。你做事，是因爲那些事情落在你潛心經營的遊戲空間裡，不是因爲有人付錢叫你做。官僚抵制你發起的行動，但官僚不過是你遊戲裡的一個角色。你的工程團隊是浴缸裡的一艘塑膠快艇，他們遇到的技術困難就好像你岔出浴缸邊的膝蓋，擋住了快艇的去路。你的團隊所慶賀的勝利都是純粹的喜悅，就像拿到小聯盟冠軍。按照這樣的方式，你就能專注做事、認眞當下，不是被義務、薪水或從新創出場所驅使，而是出於熱忱和過程中達成更大目標時單純的喜悅。對你來說，阻礙和慶賀都將是樂趣的一部分。

要以這樣的方式看世界，你需要成熟和勇氣。我們工作上的榜樣、揣摩成熟世故的模範，常常都是刻意爲之的類型。有些人以爲做人就該擺出刻意爲之的認眞，你太自得其樂，他們就把你當成輕浮的人。那些風評不必放在心上，或者你也可以說服他們孩子的認眞才是王道。

一旦你嫻熟這套爲自己工作的辦法，己達達人，想辦法讓你的團隊也能明白他們的工作跟「爲什麼」的關聯，將他們的工作當成認眞的遊戲。如果他們已經具備這樣的能力，就讓這樣的態度持續落實。跟朋友一起玩更有樂趣，也更讓人陶醉。

對於顚覆產業的創業之道、尼采的「孩子」有什麼意涵，更多討論請見導論和「自由精神」的開章說明。關於你的創意直覺的重要性，更多討論請見〈偏離常道〉。關於享受旅程，更多討論請見〈爲自己歡欣〉。

他們想到點子那一刻，眼睛都亮了起來，就像小孩子一樣

大衛・柯亨（David Cohen）/ Techstars 共同創辦人

SPHERO

一想到沉浸在遊戲裡的孩子，我馬上就會記起伊恩和亞當的故事。他們是球形機器人 Sphero 的創造者。

他們加入 Techstars 的育成計畫時，正在做一款能讓你從智慧手機控制車庫門的裝置。我們看得出他們天賦異稟，但市場上已經有類似的產品了。我們給的挑戰是讓他們相處，討論出更引人入勝的東西。

他們開始腦力激盪，他們想到球狀機器人的點子那一刻，眼睛都亮了起來，就像小孩子一樣。這點子讓他們興奮不已，不是因為覺得會賺錢，而是出於個人真誠的興趣。球狀機器人到底要怎麼變成一門生意，他們沒想法；球狀機器人會變成什麼東西，這東西最終會多強大，他們沒概念。他們只是覺得創造一顆滾來滾去的球狀機器人既有挑戰性又有趣。仔細想想還真困難：你要怎麼告訴一顆球向前或向後、向左或向右？

嗯，他們把工程方面的事情全都解決了，人們愛死了這產品，連歐巴馬前總統都玩得不亦樂乎。後來伊恩、亞當還有 Sphero 的執行長保羅・貝里倫（Paul Berberian）進了我們的迪士尼加速器，迪士尼的執行長鮑伯・艾格（Bob Iger）也是導師之一。艾格給他們看了即將上檔的星際大戰電影《原力覺醒》（*Star Wars: The Force Awakens*）電影裡的機器人 BB-8 的照片，問他們能否做出活生生的 BB-8。迪士尼

最終授權 Sphero BB-8，這款玩具成為佳節檔期的銷售冠軍：上架第一天，每小時售出逾 2000 個，當天就完售。

如今 Sphero 有多款產品，是一家規模大又成功的公司。一個點子促使創辦人內心的 10 歲小孩覺醒，而專注在這個點子上促成了後續的一切。

Next Big Sound

在 Techstars，我們篤信西奈克的哲學，凡事講求更大的「為什麼」。我們向來要創業者做他們熱愛的事情，從「為什麼」著手，專注於他們正從事的事情背後更大的理由。

加入 Techstars 育成計畫的第 2 天，艾力克斯、大衛和薩米爾 3 位共同創辦人表示，他們不再相信自已據以創業的點子了。他們的概念是一個運用群眾智慧拉抬新秀音樂人的唱片品牌。

他們判定這門生意做不起來後，坐在 Techstars 的會議室，著手列出一大堆創業點子。我看了他們的清單，上面有十幾個點子，我看出的第一件事是：其中有 9 個跟音樂產業有關。於是我說：「各位，你們明顯熱愛音樂。何必讓其他點子浪費我們的時間？」

他們回答我說其他點子至少言之成理，是穩妥的生意，頗有機會成功。可是這聽上去就像前文描述的「刻意為之的認真」，於是這裡就該把「為什麼」考慮進來了。只是追逐一個言之成理的商業點子，不會有激情和喜悅來驅動你們，何況從事的領域，你們也不是全心全意熱愛，要在這樣的領域創建一家公司實在太艱難。這幾個傢伙有 9 個跟音樂相關的創業點子，他們顯然就該打造一家音樂產業的新創公司。

他們選出來的點子就是 Next Big Sound，做的是將社群媒體的指標聚合為一條公式，為音樂產業提供珍貴的資訊與洞見。Next Big Sound 最終被 Pandora 併購，3 人成功出場。

創辦人對音樂滿腔熱血，激情驅使他們願意投入創業必要的長時間、苦工和專注。我記得他們在為服務內容會長成什麼模樣做視覺稿的時候，離功能實現還久，接下來一段時間，我就看著那些功能實現，跟早先想像的絲毫沒有差別。從外部看來，他們跟隨想像前進，就跟玩遊戲很相似。比起理智，他們更聽從內心，在他們熱愛的脈絡裡發展事業，於是獲得了成功。

打造新創公司需要用腦袋，但更重要的是順從你的心。我所知最優秀的創業者追尋他們所愛，然後才憑激情設法打造出一門生意。

天才

什麼是天才？——天才是渴求崇高的目標，以及意欲達到目標的手段。

換句話說：「天才」的意思是樹立足以挑戰的目標，且不計代價達成它。

本章開頭會簡短談一點字源學（一個詞的歷史和意義），還請讀者多擔待。說不定讀完後，你會更深刻理解這一路創業所投入的心血，其意義爲何。

當代的用法跟尼采的時代一樣，「天才」這個詞首先是指能力非凡的人，不論這份能力在於智力、創意、人際溝通，或者指反映此等能力的工作成果。「天才」通常帶著一層弦外之音，那就是這些能力無從解釋，多半是與生俱來的。這層弦外之音源自拉丁文；在拉丁文裡，「天才」（genius）字根跟「精靈」（genie）一樣，後者是指引導一個人的神靈。

有些人反對「天才」的這層意思，簡練地指出人們稱之爲「天才」的不過是辛勤努力。好比湯瑪斯．愛迪生（Thomas Edison）那句話：「天才是 1% 的靈感和 99% 的汗水。」近年一些研究證實這個觀點，往往要先密集投入心力、專注於一個問題，然後才發生「啊哈！」時刻的頓悟。

尼采的定義以嶄新的方式結合這些觀點，並加以強化。他加上目標的概念以及達成目標的「意欲」或驅力。他認識到，缺少動機，人沒辦法長久辛勤工作。從這個觀點來說，意欲是動機的源頭，因此少了意欲，其餘也無從談起。相形之下，長久辛勤工作是次要的，有意欲就做得到。然而意欲本身就像拉丁文字根的精靈，無從解釋，可見尼采還是解釋不清楚這份能力，但他指出那份能力是跟動機有關，而不是跟技能有關。

然而這一切跟你的事業有什麼關聯？尼采對天才的定義，聽來是定義創業之道不錯的起手式。由此可將創業之道的精髓精煉成兩點：樹立值得挑戰的目標，並不計代價達成目標。我們還要補一句：目標只是手段。只是手段，所以目標對世界有實務面的好處，這樣才能跟藝術、科學等志業有所區別。屬於創業的目標包含打造和布設更好的捕鼠器，不論捕鼠器是一種有形的裝置、製造程序、組織結構、慈善方面的創新、分銷體系，抑或將上述任一項化為虛擬。把這些加總起來，我們可以將創業之道描述成手段方面的天才。

這就深入到身為創業者、身為自由精神的核心意涵，不僅適用於你，更適用於整個團隊。你已經知道自己和其團隊有某些特殊之處，藉由啓動並打造你們的事業，你們正投入不尋常而且重要的事情。明知如此，你們還是要低調，因為社會要求謙遜，組織共事也不宜狂妄。尼采論天才的切角，以及我們應用於創業之道的調整，提供一種新方式去思考與談論你們投入的心力，不至於流露自戀，也不必訴諸「只是肯打拚」的陳腔濫調。你們決定了一項目標，要改善世界上的某樣事物，你們進一步決定不計代價達成目標。聽來簡單，也沒有吹牛；然而此舉稀罕，也是天才。

關於創業方面的天才，更多切角請見〈做顯而易見的事〉〈堅持〉〈顛覆的耐性〉和〈執著〉。

經驗得來的智慧

來自智者的實踐。——人為了長智慧，必須願意經歷某些經驗，既然如此就直接跳進了經驗的血盆大口。這誠然很危險。在此過程中被吞噬的「智者」不計其數。

換句話說：我們必須經歷某些經驗才能變得有智慧，於是我們一心追求那些經驗。這很危險，有些人本來有望成為智者，都在過程中身敗名裂。

書本上的知識固然寶貴，實際的經歷卻是無可替代。在商場上，眞實情境遠比任何理論所交代的還要複雜，即便是個案研究也勢必得經過簡化，不然學生聽不懂。如果你想成爲有智慧的創業者和領導者，經驗是必不可少的。

尼采沒有輕巧地說：「我們必須經歷某些經驗才能變得有智慧。」反之，你必須願意去經歷，話中的意思是你要刻意挑選經驗。讓你增長智慧的經驗，也會讓你冒著名譽、財務穩定或私人關係的風險，所以有其危險。

要成爲一個有智慧的創業者，勢必要放手一搏，創立一家公司。就統計數字來說，創業十之八九會失敗；你的職涯裡大概要創立不只一家公司，才終於會成功。只要失敗得有道理，歷練豐富的投資人不會把過往創業失敗當成扣分，部分原因就在這裡。曾經失敗，顯示你完成了累積智慧一定要下的功夫，而且願意下這番功夫。

雄心勃勃的創業者往往想在一頭栽進創業前累積更多經

驗，但經驗的種類不正確就不會有幫助。當人們要尋求更多經驗的時候，傾向於專注某個領域（例如：軟體即服務）或職能（例如:產品管理），這種做法或許會讓你變得通曉事理，可是你通曉的事情太過專精，智慧反而難有增長。

反之，你該物色的是混亂、痛苦、冒險的經驗，因爲這都是創業之道的本來面貌：爲一項新產品提案、爭取並發表它；就算顧人怨、遭人恨，仍舊開除必須開除的人，跟競爭者會談，練習在不動太多聲色的情況下搜集資訊；還不知道要給對方什麼職務的情況下，就僱用優秀人才；爲不良決策公開承擔指責；接下損壞的客戶關係，嘗試修復；談成沒人看好你能拿下來的案子；罩子放亮，找高風險、高報酬的棘手商業挑戰扛下來做。在上述各種情況下，觀察、反思，試著弄懂發生了什麼事。

成立公司後，相同的建議仍舊適用。選擇經歷上述經驗並不是犧牲。如果你成功挺過，對公司有利；不論是否成功，你都能長智慧。你必須精挑細選，然則實際挑選並學習如何挑選，也是能變得有智慧的一環。

不是每個人都是冒險的料。失敗和痛苦的經驗可能會讓你變得有智慧，但個人和情緒的代價也可能會把你「吞噬」。連續創業但一事無成的人會倦怠。不論智慧有沒有把你帶向你尋求的結果，都要能屈能伸、持之以恆。

關於失敗如何「有道理」，更多討論請見〈資訊〉。關於產生這類經驗的情境，更多討論請見〈紅得發燙〉〈克服障礙〉〈堅定不移的決心〉〈怪物〉和〈觸底〉。

如果我沒有「跳進這些經驗的血盆大口」，就不會學到更深刻的教訓

布萊德．菲爾德 / Foundry Group 共同創辦人與合夥人

1993 年底，一家小型的公開上市公司收購我的第一家公司菲爾德科技。雷奧納德．「雷」．法斯勒是該公司的聯席董事。雷和他的合夥人當時正在用時稱「打包收購」的新設合併*策略來打造他們的公司，該公司後來叫 AmeriData。

雷精通此道，AmeriData 已經併購超過 40 家系統整合商，成為值數十億美元的公司。1996 年奇異資本以 5 億美元收購 AmeriData 時，它是規模最大的獨立系統整合商。

我為雷工作期間，在買賣公司上學到很多，但還滿足不了我。我明白，要學做打包收購，跟他一起執行一次才算徹頭徹尾走一遭。所以在奇異資本的收購之後，我跟雷和另外兩位合夥人一起創辦 Interliant，無巧不巧，Interliant 原本的名字是「智者網絡」。

1996 年，網路商務還方興未艾。網站指數成長，許多創業者創立小公司，為這些網站提供架設所需的軟硬體基礎設施。就跟網路服務供應商（Internet Service Provider，ISP）這塊市場興起一樣，架站的市場成長飛快，但還沒有哪一家公司明顯勝出。我們的願景是藉著收購這些架站公司，進行新設合併，創造這樣一家主導市場的公司。

* 編按：兩家公司同時消失，整併成一家新的公司。

我們迅速籌得 4200 萬美元，著手收購公司。我從未擔任過一家公司的聯席董事，所以我跟從雷的指引；我從沒買過公司，接下來 4 年，我們買了 25 家公司；我從沒跟私募股權投資公司打過交道，然而我們的財務夥伴持有公司的 8 成股份，經常找我們過去他們辦公室開會；我從未領導一家公司上市，但 1999 年我們首次公開發行股票，而且還跑了 2 次流程——因為第一次失敗了。

2000 年的時候，Interliant 有 1500 位員工，是公開上市公司，市值近 30 億美元。我們最大的幾家 ISP 之一僱用了一位執行長，繼續收購公司，從 Microsoft、Dell、Network Solutions 和 BMC 等策略投資人處再籌得 3750 萬美元，並從公債市場拿到 1.6 億美元。

我四處出差，尋訪潛在的收購標的，窩在我們位於曼哈頓城中的法律事務所會議室裡談判，或是跟投資銀行家磋商，向形形色色的人說明我們在做什麼。

馬不停蹄的步調產生巨大的混沌，而我身陷正中央。

我也把書上寫的每種錯誤全都犯過一遍。網路泡沫炸開時，我們的事業每個月虧損 500 萬美元，問遍門路都籌不到資金。我們的股價崩跌，士氣消沉。久經戰陣的執行長無預警辭職，投資銀行家棄我們於不顧。我們嘗試資遣員工以擺脫赤字，重構公司，出售部分收購來的資產。

我們失敗了。2002 年，Interliant 宣告破產。公司股權一度價值數十億，如今一文不值。連綿訴訟就更別提了。

關於打包收購的機制，我學到慘痛的教訓，但更重要的是，如今我體會過順境的欣喜若狂，也嚐過逆境的苦不堪言，還有那些情況在真實的商場上意味著什麼。

過去 20 年我用上的各種商業嗅覺，多半來自這段經驗所創造的土壤。儘管是失敗收場，如果我沒有「跳進這些經驗的血盆大口」，就不會學到更深刻的教訓。

連續創業之道

大勝的最大好處，是消除了征服者對失敗的恐懼。「我為何不能失敗一次呢？」他自言自語，「我現在有足夠的本錢了。」

換句話說：大勝最大的好處就是不再害怕失敗。人們會這樣想：「現在我有資源，情緒夠強韌，有辦法多冒點險了。」

連續創業者有兩類：曾經「大勝」和不曾大勝。前者熱愛他們做的事，做起來興致勃勃。要是沒興趣，何苦再來過？他們通常目光遠大，畢竟他們認爲自己的能耐已通過考驗，想要接受新挑戰。即使冒較大的風險，他們也泰然自若，因爲他們背靠著成功，那是別人拿不走的。何況財務面也有安全網，經濟的風險能降至最低，就算失敗也不必改變生活方式。

至於後者，經過幾次失敗後，一遇風險，後者變得更趨避，曾有鴻鵠之志也傾向收斂；本來目標是鹹魚翻身，變成只求不要失敗就好。

情緒夠堅忍，才能不倒向上述態度。如果你連續創業卻從沒嚐過成功的滋味，不妨休息一下。加入正朝成功邁進的公司，這樣做能直接經驗勝利，讓你重燃熱情，繼而你下次冒險的時候，能把目標放在再製成功經驗。

大部分新創都倒了，投資人的因應之道是同時投資多家公司，只要有一小部分成功，收益就會超過其他失敗的損失。相形之下，創業者一次只能建立一家公司。

如果你打定主意要實現創業才能實現的願景，那你必須做好心理準備：成功之前恐怕要嘗試不只一次。一旦成功，更大的企圖和風險都會變得誘人且刺激。由此可見，連續創業是規則而非例外。

關於尋求「大勝」，更多討論請見〈壓勝〉〈堅持〉和〈顛覆的耐性〉。關於失敗帶來的安慰，更多討論請見〈經驗得來的智慧〉〈觸底〉和〈反射你的光芒〉。

我從不認為頭兩次失敗有什麼好在意的，不過就是學經驗罷了

威爾·赫曼（Will Herman）/ 連續創業者、天使投資人，《新創教戰手冊》（*The Startup Playbook*）的共同作者

我的第一份工作是在新創公司 Health Care Computer Systems（後文簡稱 HCCS）。我進公司的時候不知道什麼是新創，也不知道公司在做什麼，只是因為我寄出 50 份履歷，想找寫程式的工作，只有 HCCS 回覆，我就應聘了。當時我壓根沒想到風險，坦白說，我是休了學、放棄理海大學的機械工程學位去加入那家公司，而且直到今天仍無從分辨此舉是出於無知，還是我打從骨子裡相信船到橋頭自然直。事後看來，此舉有順利的一面，也有不順的一面。HCCS 在 18 個月後就倒閉了，但我學到了許多。

為檢驗我到底是不是無知，我開了一家新公司 DataWare Logic，接著 HCCS 的未竟之業繼續做，待在同樣的產業，對產品的想法也大同小異。頭一家公司為什麼失敗，我毫無頭緒，我也不知道創辦一家公司都要做些什麼事。儘管如此，我還是認為自己可以做得更好。又過了 18 個月，我再度失敗，原因是教科書上寫的其中一種現金流問題。大家都讀過。

兩役皆墨，我想新創公司不是我玩得起的，但我沒有灰心也沒有害怕，只是覺得該試點別的事情做。我加入迪吉多電腦公司（Digital Equipment Corporation），當時該公司是世界第二大電腦公司，僅次於 IBM。迪吉多沒有公開上

市但游刃有餘，有大公司的文化，還有一大群絕頂聰明的同事。在迪吉多待了幾年後，我滿心浮躁，禁不住想做點什麼，於是我加入一支團隊，是要離開迪吉多的一群人組成的，一起創辦 Viewlogic Systems。我拿不準是愚蠢還是信心十足，但一樣，我從沒覺得離開迪吉多是冒險之舉，對我來說，那是理所當然的下一步。

從那時開始，我創辦的公司一家接一家。Scopus、Silerity、Innoveda，全都成功了。一路走來，我從不認為頭兩次失敗有什麼好在意的，不過就是學經驗罷了。後來的成果提振了我的信心，讓我從容面對風險，盡快出招，一步不停，絕不讓潛在的後果拖住我。

成功的陰影

成功是最大的說謊者——「作品」本身是一種成功；偉大的政治家、征服者、發現者的種種創造為他們喬裝改扮，直到人們完全認不出來。而「作品」，藝術家的作品，哲學家的作品，先杜撰出它們的創作者，然後創作者才享有創造作品的名聲。那些「偉人」，固然受世人敬重，也不過是小家子氣的事後撰述。在歷史價值的世界裡，劣幣驅逐良幣。

換句話說：我們以成敗論英雄，其實不懂成功是怎麼一回事。政治家、將軍和探險家的成就掩蓋了完成該項成就的人。藝術或哲學的偉大作品界定了人們怎麼看待該位藝術家或哲學家。我們對偉人的景仰始自其成就，但成就會誤導人，也跟他們實際是個怎樣的人毫無關聯。

我們在本書中隨興使用名詞和形容詞的「成功」，用了十幾次。對於創業這檔事，成功是什麼意思？對於成功的人來說，這份成就跟這個人又有什麼關聯？

偉大的公司就像偉大的科學、藝術、文學或政治作品一樣，只是自成一類。世人常以作品產生影響的規模來論斷這件作品有多偉大，也就是它影響多少人、影響他們到什麼程度，或是效果延續多久。對一家公司來說，這可能意味著員工或顧客的人數、市值或營收，或是獲利能力高低，或是公開交易的情況。

除了規模，人們也會從品質評判偉大與否。從品質可以看出一個問題，那就是作品的效應是否良好。對一家公司來說，可能是指顧客口碑、員工滿意度，或是有沒有讓世界變得更讓人嚮往。有時，成功意味著達成原初的願景，儘管如此，假使規模擴大、成果還是足夠好的話，即使方向有所改變也不要緊。

要是這一切不過是幻象，那該怎麼辦？萬一你正在打造的產品、組織、公司，連帶它們賺的錢、解決的問題，都不是評判成功與否的正確準則，又該怎麼辦？倘若成功只跟你、你成爲什麼樣的人，還有過程裡你怎麼改變有關，那該如何？假使創業之道只是你成爲自己的道具，只是花樣繁複而已，那又怎麼辦？

在這套標準幻象的情境裡，每樣事物都顛倒了。不是你造就公司，而是公司造就你。這套幻象在別人的腦袋裡發揮效果，讓人把你跟公司畫上等號，讓他們假定這家公司的特徵、強項和缺點都跟你一模一樣。他們以爲「建立那家公司的人」就是最能界定「你是誰」的定義。他們需要一個人來仰慕，便用你來填充那個角色。這些態度會影響你如何看待自己，別人腦袋裡的形象變成你的身分，你這一生的註腳和故事都由這套敘事所主導。而那個身分裡塡充的，是往你身上招呼的馬屁，不知道從哪裡拼湊來的。我們還是要問：他們景仰的是你，還是你在他們腦袋裡扮演的角色？

竭盡全力創造一門偉大事業，但成功只是手段，別任由成功和別人投過來的景仰綁架你的人性，畢竟你的器量遠遠更大。

關於創業之道只是載具而非目標，更多討論請參考〈爲自己歡欣〉和〈里程碑〉。

不讓盛大的成功定義自己，繼續寫性格，繼續創新

羅伯特．普蘭特（Robert Plant）/ 歌手、作曲家、搖滾樂團「齊柏林飛船」的共同創始人

雖然我們也希望搖滾神人普蘭特現身說法，還是只能委屈讀者聽我們說書，連帶幾則普蘭特的引言。這例子太精彩，不容錯過。

相信大家都會同意樂手也是創業者，自己組團的樂手更是當之無愧。成功的樂團創造並創新，顛覆市場，善用組織為槓桿，讓這一切運作順暢。齊柏林飛船的鼓手約翰．伯納姆（John Bonham）死後，樂團拆夥，普蘭特開始單飛生涯。他到哪裡演出，人們都要他表演齊柏林飛船的曲子，壓力排山倒海，即使讓粉絲大失所望，他仍堅不從命。多年來，粉絲和他的前團員一直敦促他參與復出巡迴，普蘭特多半連回應都避免。最近《君子》（*Esquire*）雜誌訪問他，他說：「有一段時間，齊柏林飛船是讓人驚奇又多產的歡樂工廠，但那是活在當時的 3 位非凡樂手和 1 位主唱。那些時光已經過去，我目前在做的事情不會受其拖累。」

普蘭特不讓齊柏林飛船盛大的成功定義自己，繼續寫性格，繼續創新。他藉由作品繼續「成為他所是」，深具尼采本色：「對我來說，我的每分每秒都要充滿喜悅、努力、幽默、力量，還有毫無保留的自我滿足。這樣的時光不會是跟齊柏林飛船共度，而是做我正在做的事情，跟眼前的樂團，在眼前的巡迴中。」

不僅是受金錢誘使，許多成功藝人更是為了唾手可得的讚譽而演出舊日金曲。普蘭特的態度，明顯跟他們不同。那些藝人被過去的成功定型，不但在其粉絲的腦袋裡，連他們自己都無法想像自己有其他可能。然而他們的能力難免會衰退，受眾會凋零，於是其遺產只教人傷感，無法長久流傳。

反射你的光芒

見到我們的光亮。——在哀傷、疾病和愧疚等最幽暗的時候，看到自己還能照亮別人、被別人當成月輪借光，仍會讓我們欣喜。用這樣一種間接的方法，我們也從自己的照明能力沾了光。

換句話說：當我們陷於憂鬱，萬事萬物都慘淡無望，但我們還是可以從別人給予我們的回應得到慰藉。

布萊德曾在文章和演講時廣泛談過創業者的憂鬱症，以及他自己的憂鬱經驗。無獨有偶，尼采多半也曾爲憂鬱所苦。憂鬱症固然沒有「解藥」，但這段引言起著止痛劑的效果，或許能緩和痛苦或空洞。如果你諸事不順、近期捅了大簍子或正爲某件事情掙扎，滿心焦慮，即使沒有確診憂鬱症，這段話或許對你也受用。

身爲創業者的你是領導者。你的共同創辦人、團隊，一定程度上還包括顧客和投資人，他們之所以與你共事，是因爲對他們來說，你扮演著重要且正面的角色，他們把你當成生命中的「光」。縱然你身處愁雲慘霧，對上述想法不以爲然或不屑一顧，但你改變不了別人的看法。你無從擺脫自己的光亮，而認清這件事不是自大也不是虛榮，就只是認清現實而已。

當你認清這樣的現實，就能觀察你發出的光如何反射。就連你要衝口說出「那又怎樣？」的時候，光就反照在旁人眼中。試看你一到場，討論就如何改變，彷彿注入一股生氣。試看人們如何回應你的請求與疑問。即使時局艱困，不忘留意組織的士氣高低；要明白你選擇了這批人、而這批人也選擇與你共事。看緊光照的反射和效果，別特意湮滅，看著就好，就像看月光。如果你的心智狀態帶有一種抽離的感覺，就善用那種感覺辨明事理，宛如你是個不偏不倚的觀察者。

現在，你認清了自己在這些人生命中的分量，至於你怎麼影響他們，你已經有所觀察，心裡有數。這些都是素樸的事實。處在憂鬱狀態的你，還是可以選擇對那些事實下判斷。也許你會不屑一顧。「冒牌者症候群」* 有時是憂鬱的成分之一。果眞如此，你可能會認爲這些人搞錯了什麼，或者自覺自己是個假貨，但你本人發出的光，經由這些人、以及你在他們生活中扮演的角色反射，如今照亮了你——這一點不會改變。在憂鬱的狀態下，你或許無從享受或無法領會，但事實就是如此，這項事實也值得你正視。不論世界看起來多陰沉，少了你只會更晦暗。還有一群人反射你的光，少了他們，世界也會更晦暗。

萬一你身邊有人陷入低潮或憂鬱，上文的情境描述也指出了你可以採取的行動。陪在他們身邊，讓他們的光由你反射出來。別強顏歡笑、硬打精神，別試圖產生你自己的光。即使對方的心理狀態讓你黯淡，還是反過來讓對方、讓你與他們相處的喜悅來發光。陪在他們身旁，並爲此欣喜。

關於創業過程裡失敗所扮演的角色，更多觀點請參見〈資訊〉〈觸底〉和〈經驗得來的智慧〉。

---

* 編按：指一些成就高的人害怕被人認為是冒牌者。患有冒牌者症候群的人即使有著充足的外部證據證明他們的能力，他們仍然深信自己「不配」。他們把自己的成功歸因於運氣、時機，或者是他人的過分抬舉。冒牌者症候群在出色的女性當中特別普遍。

他陪在我身旁，將我的光反射回來給我

布萊德·菲爾德 / Foundry Group 共同創辦人與合夥人

我參加消費電子展（Consumer Electronics Show）期間，我察覺自己在拉斯維加斯一個陰暗的旅館房間，把頭埋在枕頭裡，絲毫提不起興致處理任何事情。當時是 2013 年 1 月，那是為期近 6 個月嚴重鬱期的開端。

乍看之下，我的生活很棒。Foundry Group 營運順利，我的婚姻穩固幸福，但後來我才明白，由於我完全沒有照料自己，其實已經身心俱疲，這才引發了那次鬱期。以前我曾被診斷出憂鬱症，所以認得相關症狀。縱然我知道症狀終究會過去，但我不知道那是什麼時候，又有什麼事情能讓我好過些。

我所經歷的憂鬱症，是喜悅蕩然無存。我功能俱全，有辦法工作，但起床、離家、撐過 8 個鐘頭再返家，會耗掉我所有能量。夜裡，不論食物、閱讀、電視、性或運動——我對什麼事情都提不起興致。坐在浴缸裡，倒在床上瞪著天花板，最後沉沉睡去。

1990 年，我第一次的鬱期持續了 2 年。我害怕餘生都會在那樣的感受中度過，身陷憂鬱症也讓我羞愧得無地自容。當時戴夫和我合夥做生意，他是知情的少數幾個人之一。他不是很清楚該怎麼應對，仍然無與倫比地扶持了我。

戴夫已經跟我多次談過憂鬱症，所以 2013 年這次，他確切知道該怎麼做。他跟我的助理說好，把他排上我的行事曆，出現在我的辦公室，問我要不要出去散步。我會說「好啊」，我們就去散步。有時聊天，有時則否。他花一小時在外頭，只

是跟我待在一起。他沒有嘗試解決我的問題，沒有嘗試為我打氣，也沒有嘗試幫我理出任何事情的頭緒。我們只是待在一塊兒。相愛相照看的一對朋友。

他陪在我身旁，將我的光反射回來給我。

我終於想通他這樣做的用意，當他現身的時候，我便感到沒那麼憂鬱。喜悅還沒有回來，但能跟他在一塊兒讓我很歡欣。

4 領導 LEADERSHIP

尼采心儀古今的領導者，觀察他們的行為，這是因為他的倫理計畫帶來的深刻理由。領導手腕也是創業之道的基本要件。話雖如此，我們往往混淆領導和管理，誤解領導如何促成人心向背。

隨著公司成長，一門事業的方方面面都常讓領導者捉襟見肘。即使早期屢屢需要不分巨細、事必躬親，但連瑣事都管不僅會妨礙你成功，更會害你分不出心思領導整個生意和組織。

領導手腕要如何落實，細節有別，但所有做法都有共同的主題，包括發出訊息、風格、決策，還有欣賞團隊的成果。這些做不好，會減損或局限了你身為領導者的成效。尼采幫助我們探究領導之道中力量和啓蒙的對立。

許多人認為外向的行為是領導的基礎要素，然而大部分成功領導者都是內向者。自我拉抬和銷售手腕常被認為是領導者的正面屬性，確實有可能提供優勢，許多非凡的領導者都嫻熟「我們」的觀念，而不是「我」。此外，「僕人領導」*這個概念近年來也備受矚目。

* 編按：此類領導者以身作則，樂意或成為僕人，以服侍來領導。

一邊斟酌每段引言，不妨回想你起初是怎麼詮釋的。讀完本章再回頭讀一次，重新斟酌一遍。身為領導者，你增長了歷練，那有沒有成長、有沒有蛻變呢？對自己的強項和弱項的看法，你有沒有持續地質疑呢？

負起責任

「是我做的。」我的記憶說。「不可能是我。」我的自尊說，而且始終不鬆口。最後——記憶屈服了。

換句話說：我記得有做，但那不是真正的我。最後我的自我形象勝出，我忘記自己做過那件事。

自我是你最好的盟友，也是最狡詐的競爭對手。

艱難時期在所難免，但如果你對自己、對你的目標沒有深厚的信心，就撐不過去。沒有自我，無法以身作則、領導眾人。單憑直覺，你就能明白：一定要把你的自尊和信心都保護好。只是這樣的想法也會塑造你對現實與歷史的觀感。

在這段警語裡，尼采強調找台階下最惡劣的一種形式，就是公然否認你對自己或其他人做過的行動。也許你還沒那麼糟糕，但幾乎每個人都會這樣找理由：「我不可能會做那種事，除非……」也就是不否認行動本身，卻改口否認你對行動負有責任。

可這不是同一回事嗎？你聲稱你沒有眞的做那件事——是資訊有誤或闕如，情境使然，別無選擇，你這樣爲自己找理由。要不是走衰運，正常情況下你的行動會安然過關；你是受害者，不是加害者。

這樣想事情可能會變成一種習慣，當事情未能遂你所願的時候尤其如此。

你或許會注意到，這種思維一開始有效，然而別人終究會有不買帳的一天。他們發現壞事不斷，但怎麼從來都是別人（或沒有人）的錯，不是你的責任。於是在人們眼中，你要嘛是衰運纏身，要嘛一點責任都不願扛，兩種觀感都會損及你身爲領導者的效力。

有沒有什麼辦法能在你犯錯時維護自尊，但不至於找藉口成性呢？下文我們分享幾招。

承認你每天都要做許多決策、採取諸多行動，按比例也是會犯幾個錯的。這不能成爲個別錯誤的藉口，只是認清犯錯是兵家常事。

對你所有的決策和行動都負起責任。好的決策你心裡有數，壞的決策也要認清。

負責任跟感到羞恥是不一樣的，要分清楚。前者是必要的，後者或許是你需要改變行爲模式或向某人道歉的訊號，但不具建設性，無法長久維持。尼采曾在另一段警語裡提及：懊悔只是在第一次犯蠢後，再犯第二次。

事前的正確決策跟事後諸葛不一樣，要分清楚。兩種情況下的資訊和知識有別，之間的鴻溝只能靠學習來彌補，你尤其該花更多心思了解的是：事後看來，是哪些事情造成不正確的決策。你也會想弄清楚：那次決策前，你本該搜集哪些類型的資料。

這幾招加在一起，能幫助你把信心安頓在更穩固的基礎上，向前邁進。

別認爲你犯下的錯誤全都會危及自尊，反之，將錯誤恰如其分地放下，利用錯誤驅動學習和改善。人不是因爲總是正確才有自豪的資格，而是因爲你根據既已得知的一切，做了能力範圍內的最佳決策，而且持續努力改善你所知，所以值得自豪。你可以負起責任，無須爲此找理由。

關於把決策當成學習的源頭活水，更多討論請見〈資訊〉。關於安頓你做決策時的信心，更多討論請見〈強烈的信念〉和〈堅定不移的決心〉。關於欺騙的衝擊，更多討論請見〈信任〉。

執行長耗盡全副精力，
只為了證明自己不該為公司乏善可陳的成績負責

塞斯・勒凡（Seth Levine）/ Foundry Group 管理長

銷售或其他關鍵表現指標未能達標，在新創公司是兵家常事。我跟大多數創投都認為這很正常，本身沒什麼好大驚小怪的。跟我們共事的大多數執行長和創辦人以嚴格的態度看待底層指標，將關鍵資料撈上來給董事和投資人，遇到要扛起責任和承認錯誤的時候從不推諉。這樣的態度有助於我們改善決策、做必要的調整、明智投資，下一次可望達成設定的數字。話雖如此，我們偶爾還是會遇到這樣的經理人：他們無法理解在導致未能達標的決策中自己扮演的角色，或是沒有辦法加以承認，轉而怪罪外部因素或別人。

多年前，我跟一位執行長共事，此人推諉成性，無人能出其右。那家公司做的是企業用的軟體，因此案子不多，但金額頗大，6 位數中段，少數幾件達 7 位數。該公司產品所在的市場不能算新，但他們切入的角度比先前的競爭對手更上層樓，在我們看來，有機會顛覆這個根柢穩固的產業。原本的執行長是這家公司的共同創辦人，草創期十分稱職，到了真的要擴張事業的時機，他選擇讓賢。公司本來幫大客戶量身訂製專案，其策略包括由此轉型，提供更「產品化」的服務。從企業軟體生意起家的新創公司往往會循這樣的軌跡發展，而新任執行長出身銷售、曾將軟體化為產品，正因為這樣的背景才找了他進來。

新執行長固然有這樣的經歷，公司卻持續落後於銷售目

標，而他永遠都有理由。開發投入轉型的努力一直都落後進度，於是銷售人員沒辦法以「產品」的形式銷售，陷入惡性循環。顯然這一切都跟執行長做的決策、採取（或沒有採取）的行動無關，錯的是銷售團隊的資深成員（人是他聘進來的）。錯的是市場。錯的是顧客對產品的理解。錯的是產品開發團隊動作不夠快。在技術方面，技術長（是該公司的共同創辦人）有問題。執行長沒辦法回顧一切，然後說：「是我做的。」回想起來，他一直在經理人之間尋找或創造衝突，以便事情不順利的時候，將眾人的注意力從他的角色轉開。

姑且不論未達標的數字缺口及藉口，甚至公司持續虧錢，而且越來越看不出高成長的潛力，年營業額確實成長了幾百萬。技術長兼共同創辦人再也無法應和執行長源源不絕的藉口，終於辭職開了一家新公司，並非競業。另有幾名員工因為公司種種爭端而離職，加入此刻已是前技術長的公司，開始一段新冒險。

接下來發生的事情，恐怕只說是執行長不自然的偏執。他把當前和公司史上遭遇到的所有困難，都怪到已離職的技術長身上。這裡提供讀者一個衡量基準：公司當時約有 40 名員工，離職加入技術長的公司的勉強有 3 位。每次跟執行長對話，最終都又回到前技術長離去並僱用哪些離職員工所造成的「損害」。公司的董事會試圖讓他專注在事業上，最終則是請他專心把公司賣掉，因為不大可能再取得額外的資金了。然而執行長沒辦法專心在離職技術長以外的事情上，最後甚至威脅要採取法律行動。董事會都在他對前技術長發脾氣中消耗，公司銷售的展望毫無討論。這位執行長經歷被動的「記憶屈服於自尊」，耗盡全副精力，只為了證明他不該為公司乏善可陳的成績負責。儘管在他推諉的時候，成績根本還懸而未決呢。

做事不是領導

沒有一條河是由於自身而浩大豐富，它接受了許多支流，引領它們前進，所以浩大……一個人原本是否很有天賦並不重要，重要的是能否指出那麼多支流該流向何方。

換句話說：沒有流入進來的溪流，一條河就不會變得浩大。河給了流向，但水全都來自支流。這條河的源頭有多大，無關緊要。

自己一個人打理整個生意，有時顯得比較輕鬆。不必管理員工，沒有跟你意見分歧的共同創辦人或主管，沒有施加壓力的投資人。有些創業者還眞的這樣做，另一些人則是盡量撐、拖越久越好。然而這種做法限制了事業成長的速度，最終則限制了公司能成長的極限。何況一個人單獨經營的情況下，要維持動機和精力都有困難。

當你決定要讓事業不受限制地成長，矢志藉著組織來打造它，你個人的貢獻、做事的輕重緩急，都將有顯著的改變。你不再緊盯開發產品、銷售、客戶服務和財務的細節，反之，現在你要專注打造能執行這些活動的組織，而且要執行得優異且一絲不苟。固然會有一段過渡期，期間你仍舊會涉入營運事務，只是逐漸把時間和精力用於人事、文化、流程和事業的整體走向。

創業者往往很難接受或理解這個觀念。當你不再讓自己限制公司的發展，你的工作就不再是促進事業成長，也不再是營運，而是打造並領導一個組織，讓組織來促進事業成長、營運公司。這是截然不同的職務，需要不同的技能，側重的地方也不一樣。

這樣的轉變帶來的好處，足以讓你和組織都脫胎換骨。現在，你的事業強健，無關你個人的局限，也無關你在特定領域的能力。領導主管和經理的人是你，但現在驅動公司成長的是他們。試想一條大河，它從源頭一路流經小支流，後來跟其他河川匯流，成長得越來越快。

水從山丘流下，扶持一門生意當然沒有那麼簡單。你接受哪條支流匯入水道，必須精挑細選。你必須挑出正確的路徑，才不至於注入一池死水。你必須努力避免河流分岔成不同方向。打造與領導組織既富挑戰，更是勞心費力。這就是你的工作。你的事業要成功，就看你把工作做得好不好。

從貢獻者轉變成領導者，更多討論請見〈內向者〉〈信念〉〈吸引人跟上來〉和〈兩類領導人〉。

要先對齊組織上下的宗旨和焦點，不然我一抽身，公司就一團混亂

麥特·布倫伯格（Matt Blumberg）/ 人力資源平台 Bolster 執行長，《創業 CEO》（*Startup CEO*）和《創業 CXO》（*Startup CXO*）作者

我記得那痛苦萬分的一個月，讓我更明白自己必須全心全意讓組織運作順暢。那時，我們終於有了一支完整的管理團隊和貨真價實的董事會，只是事情的先後次序完全顛倒了：我製作了一整套供全員會議使用的材料，接著辦了一場董事會，董事會需要一組更詳盡的新材料，又辦了第二場全員會議，討論一些新加進來的細節，最後我參加每季一次的管理移地會議，期間我們做成一些改動方向的決議，迫使我要回去向董事和全團隊說明，這又需要另外一套材料和論點。

重蹈覆轍幾次後，我醒悟了。要先對齊組織上下的宗旨和焦點，不然我一抽身，公司就一團混亂。我稱如此發展出來的結構為敝公司的作業系統。

在計算機領域，作業系統是連結硬體和軟體、讓裝置得以運作的基線程式碼，讓計算機表現始終一貫。我們的概念是，公司的作業系統也會扮演相同的角色，連結硬體（我們的員工）和軟體（他們的工作），讓組織得以運作。

我們的作業系統只是一套標準的行為與節律，讓團隊成員每天迎向未知挑戰的時候，有所依據。包括：

- 事前排定重大會議的日程。

- 重大溝通的一貫格式。
- 誰屬於領導班底、領導班底如何做成決策，都說清楚、講明白。
- 嚴格執行開門政策
- 單一套資訊系統和作業程序

我發現，只要我們維持上述作業系統環節順利運作，我們的團隊就能兢兢業業，準備好應對真正重要的挑戰。

信念

某人有偉大的作品，可他的戰友對這些作品有深厚的信念。兩者固不可分，但前者顯然完全取決於後者。

換句話說：某人創作了偉大的事物，而他的夥伴對被創造出來的事物滿懷信念。他們是一支團隊，但創作者完全依賴他那滿懷信念的夥伴。

公司草創階段，你專注於產品和市場。你跟你的小團隊爲了讓產品和市場相互契合，持續推出新版本的產品，嘗試潛在的目標市場。順利的話，顧客開始購買你的產品，交易量越來越大，你開始打造組織，開始轉移領導責任。

此刻正在成長中的事業需要一位領導者，此人對公司的產品懷有堅定的信念，而且會站上屋頂大聲疾呼。我們隨尼采用「信念」一詞，它大部分就意味「信心」，稍微沾染宗教或狂熱的調性。不論你打造產品、發掘市場時個別的職責爲何，如今要專注建立熱忱。對投資人、員工和夥伴而言，他們評估這個事業唯一的重要標準，可能就是你對產品的信念。如果你沒有對外表現強大的信心，還有誰會表現？擁有信念的領導者才能籌得資金並僱任一支優秀團隊。

這樣的信念看上去是什麼樣子？我們建議你看史蒂夫·賈伯斯（Steve Jobs）2007 年如何介紹 iPhone。那是後人難以望其項背的範例。

打造熱忱的職責會擴及你的銷售組織，所以你對產品的態度對他們而言特別關鍵。對於業務員，坊間的刻板印象很不好聽，好像他們什麼東西都賣，壓根不顧品質多糟、跟顧客實際需求差很遠。這種刻板印象不符事實，但反映出他們抱持信念，而他們的信念是從銷售主管和公司的執行長開始的。優秀的業務員才會下工夫培植人脈、建立名聲，投資這樣的努力會讓銷售更容易。一旦他們發現自己銷售的產品會損及他們的名聲和人脈，就會離開公司。所以說到底，他們對自己公司的產品品質，一定滿懷信念。何況是草創階段公司的業務員，他們認爲自己是投資未來賺大錢的機會，必須要對產品滿懷信念，相信這些產品既在正確的時機進入市場，也投市場所好，否則就不值得他們花力氣爲產品塑造市場了。

在科技公司，市場頻繁變動，科技進展迅速，所以產品每一天都經歷著重新設計。領導者只對當下的產品懷抱信念還不夠，還必須信任團隊本身能持續產出優秀的工作成果。新創團隊固然孜孜矻矻，但可長可久的動機仍是長期成功的重要因素。哲學家和心理學者威廉·詹姆士（William James）在專文〈信念意志〉（*The Will to Believe*）裡優美地點出：「社會有機體是因爲每個成員貫徹自己的責任，且信任其他成員也會同時履行其責任，才使其成爲社會有機體，不論其種類或大小皆然。諸多獨立的個人通力合作達成某個屬意的結果，這項事實不過是休戚相關的人先對彼此抱持信念，便得以成就。政府、軍隊、商業體系、船、大學、運動隊伍，無不以相互抱持信念爲前提。若非如此，不僅什麼事都做不成，就連嘗試都不會有人試。」

根據詹姆士的說法，所有團隊成員必須對彼此保持信念。領導者若不率先對產品和團隊展現無比信念，團隊成員之間

吸引人跟上來

人們推搡著湧向光，不是為了看得更清楚，而是為了更亮眼。——人們在誰面前會更亮眼，就很樂意讓誰被稱作光。

換句話說：光照亮了人，人才被光吸引過來，不是因為光為他們照出了路。能讓我們發光的人，我們樂意稱之為光。

領導者是引路人，他們知道要往哪裡去，而且率先邁步。不過領導手腕不只有引路這一面，勢必要有人跟上來，引路人才能成爲領導者。如果你以爲只要知道路，並一心趕路，就會吸引人跟上，那就錯了。起初吸引人跟上來的，是個人的吸引力和魅力。

根據卡本尼（Olivia Fox Cabane）的《魅力學》（*The Charisma Myth*），魅力不是與生俱來的人格特質，而是可以培養與運用的工具。你不必外向也可以很有魅力。卡本尼將富有魅力的行爲拆成三項核心要素：臨在感、影響力、親和力。藉著言語和肢體語言，以及你的心理狀態中介，妥善結合三者，就能吸引人聚集到你身邊。

臨在感與親和力跟你這個人無關，但跟你如何對待別人有關。臨在感的意思是，你真誠投入互動裡，聆聽別人的話，而且全神貫注。親和力則是指展現你對別人的在乎，想知道對方是否順適如意。展現親和力會讓他們認爲：你說不定會願意運用你的各種影響力幫助他們。這些行爲就好像將光打在別人身上。認知心理學者常把注意力比喻成一束聚光燈，而光也跟熱息息相關。

縱然鋪排方式不同，在暢銷 80 載的《卡內基說話之道：如何贏取友誼與影響他人》（*How to Win Friends & Influence People*）裡，卡內基（Dale Carneigie）提出同樣的論點。他建議讀者眞誠關注別人、留神傾聽、循別人的興趣聊天，並以眞摯的態度讓別人感覺被重視。換句話說，就是讓他們發光。

如果你想領導，但性情難以散發臨在感與親和力，你該下工夫培養，畢竟自我提升也是你工作的一部分。不妨閱讀卡內基和卡本尼的書。雖然一開始培養臨在感和親和力的時候，下什麼工夫都難免覺得矯揉造作，但能眞誠展現這兩種能力仍是重要的。跟隨你的人就是建造公司的人，你想要他們幫你，那你怎麼能怪他們會想知道：跟了你對他們有什麼好處呢？一邊幫你，他們也想幫自己，這不是合情合理嗎？讓跟隨你的人感受到：你認爲雙方是互蒙其利，而非你單方面占便宜。這就是臨在感與親和力的功勞。

卡本尼的第三項元素是影響力，有好幾種來源。領導手腕的施展，往往關乎你所選定的方向有多可信，以及你抱持多大的信心。你知道該往哪裡走，這項事實給予你幫助他們的影響力，人們因爲這樣的緣故，願意考慮跟隨你。缺乏影響力的光是黯淡的，既不能照亮任何人，也照不出道路。如果你生來就親和專注，那你已經知道照亮別人是怎麼一回事，不妨轉而專注在覺察你的影響力能如何協助別人。

除了評估和培養自己吸引跟隨者的能力，隨著公司成長，你會僱用領導者擔任管理職。評估流程一部分該看應徵者的魅力因子，但這在直接面試時或許不容易看出來，因爲大多數人面對可能會聘他們的人，都會全神貫注、表現親和。

不妨轉而從團體面試的中餐時間，觀察他們跟別人相處時的舉止，能更有效地看出一個人有沒有魅力。

身為創業者，你執著於自己的願景和顛覆一門產業的欲望。你需要有其他人滿懷熱情地跟隨你投入這件事，才能成功。其中不只包括員工，還有投資人和早期的顧客。我們一不小心就會以為，你都把方向攤在別人眼前了，千眞萬確，他們一定會跟你走。實則不夠，他們之所以被你吸引，「不是為了看得更清楚，而是為了更亮眼」。

關於內向者如何領導，更多討論請見〈內向者〉。關於自我提升也是你工作的一部分，更多討論請見〈超越〉。關於你為什麼需要跟隨者來打造公司，詳見〈做事不是領導〉。關於妥善展現影響力，更多想法請見〈堅定不移的決心〉〈強烈的信念〉和〈負起責任〉。

堅定不移的決心

一旦下定決心，就連最好的反對理由都不聽，這是強健性格的標誌，但也是偶爾來一次的，求愚蠢的意志。

換句話說：強硬的領導者一旦做了決策就會喊停所有爭論。這跟頑固又愚蠢，有時似乎沒什麼兩樣。

領導眾人有一項快意之處，那就是不論遇到什麼情況，都不存在非遵循不可的鐵則。每個論點都有它的反論。在Techstars加速器，導師的建議固然是育成計畫的利多，但不同導師給的建議常常相互矛盾，我們稱之爲「導師鞭策」。鼓勵學習、搜集資訊、聆聽團隊都是老生常談，尼采這段引言提供我們的是一則反論。

你根據不完全的資訊做決策，而且所有選擇都有其後果。儘管如此，你不選定一個方向，進度就不會有絲毫推展。選項擱太久，意味著你一個都顧不好。讓眾人懸著一顆心，在選項之間搖擺不定，可是會一點一滴消耗掉團隊的動力。

你應該在決策前聽遍最佳主張，不論支持或反對特定選項的都一網打盡。一旦做成決策，眾人繼續爭辯反倒有害。套美劇《螢火蟲》（*Firefly*）裡馬爾（Mal）的台詞：「已經決定的事，你們還吵什麼？」總有人愛唱反調，你必須排開他們往前走。

當你採取這樣的作風，團隊會把你的不動如山視爲強健性格和信心的表徵。繼續質疑決策的人會勉強自己去理解，因爲他們想不通你怎麼能充耳不聞。他們多半當你是單純的頑固，或者也可能把你的頑固看作腦袋壞掉，一種「求愚蠢的意志」。

對於你正在做的事情保持醒覺，才能探明這些互相牴觸的力量。決策正確與否還不明朗的時候，你必須維持路線。決策的錯誤一旦水落石出，就是重新考慮的時候。花時間對過去不重要的決策思前想後，會耗盡你做新決策的精力，所以該花多少精神重新考慮，要視決策的輕重緩急而定。

爲決策之後的時期做好心理準備。決策前，提防可能會出錯的事情，事先決定好，萬一事情出錯，你還要不要延續選定的做法。這樣一來，除非得知始料未及的資訊，否則不需要重新考量；此外，這樣做也能讓愛唱反調的人沒話說。

領導者多數會偏執一端，但如果你容易抱著壞決策不放，要逼自己早一點聽取反論；如果你容易質疑自己的決定，那在擁抱異議之前等久一些。假以時日，你在團隊的名聲該反映出的是：你堅定但不頑固，不會稍露艱難的徵兆就改變方向，但也不會等到來不及了才有所行動。

每項決策本身都有實實在在的分量，但你必須衡量改變——或不考慮改變——方向，對你長期的名聲會有什麼樣的衝擊。

關於典型的反論，參見〈溫和領導〉和〈團體迷思〉。關於溝通決策，更多討論請見〈正確的訊息〉。關於堅持想法，更多討論請見〈堅持〉。

我們堅持下去，利用早期採用者給的意見，重新設計平台

大衛．曼德爾（David Mandell）/ 辦公室共享平台 PivotDesk 共同創辦人和執行長

我們創辦 PivotDesk，目標是解決一個明確的痛點。我的創業生涯裡一次又一次忍受的是：房地產是靜態的，但事業是動態的；企業主在 5 年、10 年的租賃期間，一直被迫拿事業能長多大來打賭，偏偏這種事情通常連 1 年都說不準，何況 5 年、10 年。

各家公司需要一套解決方案，能在租賃協議上增加彈性，但也契合既有的不動產基礎架構，而這樣一套解決方案會讓長期承租人抵銷租賃成本，同時讓較小的公司找到空間，不必委屈打長期租約。PivotDesk 在承租人和較小的公司之間創造了共享市集，完成了這套解決方案。

最終在平台上分配價值的一方，會是商用不動產仲介。我雖然秉持這個信念，但這一點並非顯而易見，而且至少一開始的時候，有些投資人，連同創始團隊的部分成員都不確定這是不是正確的分配策略。起初，我們從仲介和業內人士那裡收到的回饋簡直慘不忍睹，在他們看來，既有的玩家永遠不會採行我們推動的模型。他們認為，想從商用房地產業界撈一筆的傻點子比比皆是，我們最終只會是其中之一。

我深信這是讓市集真正大規模成長的唯一辦法，所以致力擬定一套長期策略，最終會讓仲介主導分配；但一開始有賴直接鎖定企業主，因為我們處理的問題，直接受苦正是企業主，

他們順理成章會被 PivotDesk 吸引。市集成長了。儘管如此，我們還是持續被業內人士當空氣，據說仲介仍舊永遠不會使用我們的服務。

我們從承租人這邊攢積足夠的動量後，便依照策略，積極推進，要發表 PivotDesk 上的仲介用軟體平台。為了讓仲介善用市集，為他們的客人帶來好處，我們專門設計了這個平台。然而發表後，他們沒有使用。連試都沒試。

我們心裡的警鐘響了，想起那些說這條路只是浪費時間的種種預測。我私下找產品的負責人，數次交心，討論仲介為什麼不來用。鼓舞團隊變得更困難，大家一想到要重整旗鼓，試著打造正確的解決方案，心就涼了半截。

我仍舊深信策略正確，但要先鉅細靡遺地弄清楚仲介是怎麼做事的。團隊花時間跟仲介打交道，更深入探索顧客，終於在幾位關鍵的仲介身上收到些許進展。他們開始理解，一邊協助顧客找到更好的解決方案，其實可以同時賺更多錢，於是我們總算取得一些正面的回饋。到這時候，事情終於開始起了變化。我們堅持下去，利用早期採用者給我們的意見，重新設計平台，使之跟仲介的日常業務絲絲入扣。平台用量起飛，隨後我們跟好幾家大型商用不動產仲介公司簽了夥伴協議。

正確的訊息

失望者開口。——「我諦聽回聲，卻只聽見讚美——」

換句話說：僅僅被人仰慕而非理解，這讓人失望。

領導眾人的首要目標是協同一致的行動。如果團隊裡的每個人都朝不同方向做事，結果是全組織的布朗運動*，徒生熱，沒進展。尼采這則引文裡稱爲「失望者」的人之所以失望，是因爲他沒能達成協同一致的行動。領導班底提出願景，但組織裡的人沒有以執行表達支持，反之，他們談論著願景多美好、他們的領導者多偉大、多有魅力，諸如此類的讚美。

你是一位開明的領導者，「回聲」這個詞或許讓你不舒服。你想要大家獨立思考，而不是你說什麼，他們就應什麼。

且讓我們更仔細審視這個詞。回聲只是聽上去像原話，不是一五一十地重複；雖然承載著初始的訊號，但許多方面都有所改動。不妨把回聲看成團隊成員用他們自己的話，表達公司的方針和願景，並付諸行動。

原初的聲響不見得是你發出來的。不是你發出來的情況下，這則引文的道理仍舊說得通。回聲可能會來自任何地方——要辨認原初的聲響是從哪冒出來的，說不定還不是件容易的事情——不論是你自己的，還是跟團隊通力發想的願景，

* 編按：Brownian motion。指粒子因分子的隨機運動而受碰撞，以不規則的方式在運動。

你都希望這股聲音響徹整個組織，否則你們的行動很難協同一致。

這則引文不區分獨立思考的人和盲目跟從的人，反之，它區分回聲跟對你、願景或公司的讚美，其中的回聲就是指跟隨組織方針的人。你的目標是協同一致的行動，而不是受眾人愛戴。

但你不該怪罪團隊的愛戴，因為錯是錯在領導手腕和溝通技巧。那些你寧不願聽的讚美，顯示你傳達出錯誤的訊息。或許你容易把對話或致詞的題旨轉向你自己，果真如此，那眾人只是迴響他們聽見的話罷了；他們聽到的是你多棒，對於你試圖傳達的事情，你的想法是什麼，你沒有讓他們聽見。不妨想想看，在公司會議上你多常使用「我」這個字？這是一個指標。

另一種可能的情形是，你傳達正確的訊息，但方式錯了。從純然思辨的角度呈現全組織的目標，激不起嚮往的熱情。大家聽了只會想：「好聰明的目標啊。」但反過來說，如果你提目標的時候全然訴諸情緒，團隊激昂歸激昂，卻未必明白方針，或不見得了解這個方向為什麼正確。他們會說：「新方向眞讓人想幹活！」兩種情形都會造成讚美，而不是有效的行動。

如果你是那個失望者，你的訊息應該要聚焦於你的失望。審視你溝通願景及組織方針的方式，確保其中同時包含情緒與思辨的成分，而且跟你沒有太大的關係。

關於上下一心和眾口一聲，更多討論請見〈團體迷思〉〈整合者〉和〈思維獨立〉。關於溝通中情緒的角色，更多討論請見〈再來一次，這次放感情〉。

溫和領導

嗓門太大，簡直沒辦法反思精細的事務。

換句話說：你說話的同時，大概沒有費勁思考。

領導者必須一邊領導，一邊選擇要帶領眾人往哪個方向去，兩項職責動輒會失衡。強硬的領導方式會跟眾人溝通清楚的方向，而且有信心那就是正確的方向，因此不會留太多公共審議的餘地，就怕損及領導者的信心。

團隊裡難免會有人問：爲什麼你們還在討論已經決定的事情？領導的需求於是壓過審愼選擇的必要。

展現信心和權威的需要，可能會降低你對情境細微處的覺察。你沒有批判思考自己的立場就信之不疑，未能留意新的事實，沒有檢驗疑慮——結果那些雞蛋裡挑骨頭，後來都變得很重要。

領導手腕可能是一種大嗓門。

對你領導的團隊來說，你的聲音承載著沉甸甸的重量。不論是高分貝喊話，還是表達強有力的信心，就連如常說話的時候，職位的權威也會爲你背書。

如果別人認爲你心意已決，或是不同意你的話，說不定會被你羞辱，那你就會失去收到別人回饋的機會。

你必須找到恰當的平衡。領導，但要確保領導手腕的大聲量不至於妨礙你搜集資訊和做出正確決策的能力。

關於做成決策後的回饋，更多討論請見〈堅定不移的決心〉。關於你的組織眾口一聲，更多討論請見〈團體迷思〉和〈思維獨立〉。關於如何花更多時間思考方向，一些點子請見〈退一步〉。

因為我是領導者，我的一字一句對行為的影響都比我通常的意思更多

布萊德．菲爾德 / Founday Group 共同創辦人與合夥人

我擔任 Interliant 的聯席董事期間，我們收購了 25 家公司。其中一宗收購後不久，我拜訪他們的辦公室，跟創辦人邊閒聊邊經過一條走廊。他提到自己一直都開二手車，但這會兒，總算，他也許會買輛新車了。我談到走道的牆壁十分斑駁，心裡記下了他公司簡樸、湊合的作風。

隔天早上再訪，我看到一個工人在漆同一條走廊。我問創辦人怎麼回事，他說是我跟他說那面牆要重漆的。我才醒悟我漏掉最重要的部分沒說：那面斑駁的牆很好。我身為買家的「大嗓門」被誤會又過度解讀了。發現彼此會錯意，我們不禁哈哈大笑。往後我下了很大的功夫把話中的論點說清楚，讓人聽明白。

這位創業者是一個強健的領導者，就連這樣的人也絲毫沒有抵制，儘管我的提示悖離他的直覺，他一被我提示要有所作為就照辦。試想那些話對整個團隊的人會有什麼影響，就算他們正確理解也一樣。由於我是領導者，我的一字一句對行為的影響都比我通常的意思多。我一直謹記在心，也會竭盡所能克服。

感謝與正直

不知感謝又少了純潔的天才，教人難以忍受。

換句話說：做人不實在，待人不親切，這樣的人縱使聰明，還是不討人喜歡。

你可能是天才之人。說不定你有能力預見消費者行為的趨勢，說不定你有強烈的願景和強健的意志。或者你可能僱用了一個天才，好比一個首席技術高手，此人架構與建造高效軟體系統的能力簡直媲美鬼神。

身賦某種天才之人可能很難共事。別人未能迅速理解事情的時候，他們往往不耐煩。有時自大，舉止常常顯得古怪，社交笨拙。他們或許極其苛求，又或者很難集中注意力從頭到尾看顧一件事情。這樣的人會讓人難以忍受，也是很容易理解的。

天才之人若不想落入這種宿命，尼采建議他們必須展現兩種屬性：感謝和純潔。或許還有別的，但最低限度需要這兩者。如果你是天才之人，有希望領導組織，就會需要培養這兩種屬性。招聘人的時候要在面試中問到相關問題，或在決定人選的流程中加以考慮，就連找共同創辦人也不例外。雖然幫助人培養這些屬性也是有可能，但機會渺茫，畢竟人只有自己想改變才會改變，而許多天才相信自己已經弄明白待人接物的正確方式了。

當我們討論天才與創業之道，感謝有兩種含義。第一種是對你自己的能力的感謝。有些情況下，這個詞會有受詞，例如感謝雙親、老師、手足和朋友，或感謝你墊腳其上的巨人。其他情況下，你單純感謝與生俱來的天才，因你了解這份才具並非全憑自己下的工夫發展出來的。

感謝的第二種含義是感謝與你共事的人。感謝讓他們覺得有人欣賞，讓他們了解自己擔負的職責，在你看來是有價值的。自己的工作成果未能獲得應有的評價，是職場上最讓人難以忍受的事情之一。這種形式的感謝也表達出你有脆弱的一面。

我們或許可以把純潔詮釋成正直，也就是信念、說詞和行動能首尾一貫。欠缺正直終將成爲欺騙，而一個才智出眾的人虛假奸詐，不論有意還是無心，結果都會格外不堪。人們無法信任這樣的人，那份天才可能會被用於檯面下或傷天害理的目的。純潔也意味著公平感。天才必須付出使自己不落人後，此外也不該對那些天資不如他們幸運的人投以相同的期待。

對你自己或其他你引入組織的出色人士，除感謝與正直之外，你可能還想要求其他屬性，有助於幫助你建構貴公司的文化，讓他們的才具開花結果，又不會窒礙其他人工作。其他的那些屬性會是什麼？你該努力弄清楚才好。

創業精神如同一種天才，關於這個想法，更多討論請見〈天才〉。關於感謝是人表達脆弱的一面，更多討論請見〈感謝〉。關於學習展現溫暖，更多討論請見〈吸引人跟上來〉。關於欺騙的影響，請見〈信任〉。

我表達感謝的次數夠少了，看在別人眼裡或許還覺得言不由衷

戴夫．吉爾克（Dave Jilk）/ 軟體服務公司 Standing Cloud 創辦人和執行長

我不會說自己是個天才，不過在智力方面，我從未落居人後。相形之下，領導對我來說一直是件困難的事情。原因很多，本文將勾勒其中一項困難。

在 Standing Cloud，我天天都為技術團隊投入的心力未達標準而氣餒。待在辦公室的時間，他們兢兢業業地工作，但似乎全體都有其他更要緊的事情，令他們三不五時就遲到、午餐休息太久，或是早退。他們有狗要餵，有小孩的活動要出席。部分員工似乎不是每周都投入 40 個小時。照我在新創公司的早年經驗，新創工時長是見怪不怪。

想要團隊更賣力工作，可不是我無謂的控制欲作祟。導入新功能、嘗試新辦法都取決於節奏，而我們的節奏裹足不前；如果開發功能的速度更快，或許還能更廣泛探索產品所契合的市場。事與願違，我們只能埋首單一種技術進路，能改換的僅有目標市場。

起初，我試著以身作則，每周都待在辦公室 60 個小時，但只有領導團隊跟我大眼瞪小眼，顯得枉費心思。我嘗試導入西奈克《先問，為什麼》裡的一些觀念，也沒有促成什麼改變。我試了其他幾種招數，偏偏沒有從團隊的觀點來思考。

確實有股直覺讓我想到，負面心態無濟於事，因此我嘗試不把氣餒表現出來。一有機會，我就會表達感謝。然而這一切

都是勉強為之：氣餒阻礙了感謝，所以我沒辦法感受到謝意，而氣餒又是我的期望所產生。事後看來，我知道每個人都察覺得到我不是真心言謝，雖然我待他們確實不薄。我表達感謝的次數夠少了，看在別人眼裡或許還覺得言不由衷；不用說，團隊有感覺到我真正的目標是要他們花更長時間、更勤奮工作。

某個時間點上，我發現自己也不是真的想那麼努力工作。我倦怠了，而我不但自己無法承認，當然也不想向團隊「坦承」。雖然我一般而言都對他們敞開心胸，誠實相待，但在倦怠的情況上，我正直有虧，缺乏尼采談到的純潔，就像在認為開發團隊工作不力上，我沒辦法由衷言謝。

有這兩項短處的我，肯定教人難以忍受。你不會想為難以忍受的領導者賣力工作。

誠心誠意的感謝和純潔是否足以改變公司的結局？我不知道。如果我乾脆「放輕鬆」，自在看待團隊投入的心力，我們大概都會比較快樂，但開發速度恐怕也不會改變。這難道沒有損及投資人的利益嗎？我們不是應該傾盡全力嗎？我一直以為新創公司要成功，聰明工作和努力工作缺一不可；而想要完成壯舉，期望要設得高，而不是低。假使再次嘗試領導職位，最重要的就是調和這兩種觀點。

兩類領導人

我讚美領導者和跑在前頭的人，他們總是不斷把自己拋在身後，也一點都不在乎是否有人跟隨：「每當我停下來，我只看到自己形單影隻：為什麼我要停下來！沙漠還那麼廣闊！」這是真正的領導者的情操。

換句話說：永遠多想一步、不在乎別人是否同意或跟隨，這樣的人是我所讚許的。「有那麼多事物有待從事與見識，我又何必為了等待別人而止步？」真正的領導者是這樣想的。

本書大部分章節裡，我們多半同意摘錄的引文，至少在我們用於創業之道的範圍內是如此。如導論所探討，這不意味著你就該同意我們——非也，我們之所以摘錄，用意是提供思考的食糧。本章的引文略有不同。對我們來說，這則引文對領導手腕和策略提出了困難的問題；事業越成熟，問題越尖銳。這則引文就領導手腕提出明確的說法，有些情況或許是對的，但遇到其他情況就錯了，因此讓你能藉以思考自己的角色和傾向，以及兩者是否符合事業所需。

一家新創公司的起源是向外的視野：你見到一個產業、一套準則或一種做事的方式，讓你想要加以顛覆。這股顛覆的衝勁是目光遠大的領導者的性格特質。這樣的人會想著如何改變世界，以這樣的眼光看世界，而且傾向朝那個方向採取行動。他們「一點都不在乎是否有人跟隨」。有時這股傾向讓創業者看似有點瘋狂，有時則因爲企圖一口氣顛覆太多事情，害公司失焦。無論如何，在新創公司的草創期，領導班底需要一種日新又新的願景，需要其領導者——用尼采的話說——「不斷把自己抛在身後」。

隨著一家公司找到相互契合的產品與市場，努力加速成長、增加毛利，領導也需要不同的手腕。公司認出一條與眾不同的道路，可望收獲持續的成長和豐厚獲利，此刻正逐步完成它企圖達成的顛覆。領導團隊必須轉移重點，讓組織上下一心，才能在那條特定的道路上成功。另一方面，它也必須抵抗開啓額外活動領域的誘惑。在這個階段，偉大的領導者著眼於組織而非願景，他們或許有策略和擴張規模的願景，但必須專注於執行而非尋覓新機會。從他們的觀點來看，要顛覆什麼的問題早已有答案了。

有些創業者能從著眼願景的領導方法摸著石頭過河，再轉換成著眼於組織的領導方法，然而許多創業者沒辦法。能或不能，取決於持續顛覆的想法多深刻地印在他們的靈魂中。有些人總認爲「沙漠還那麼廣闊」，儘管生意已進入成功顛覆產業的過程，想要重新顛覆的本能仍然沒有平息。

沒辦法完成轉換的人，必須在組織裡找到新角色，使組織的領導效能得以提高，否則就離開。有些人改當董事，或擔任無責的技術長，在這個職位上，他們可以爲產業和公司提供不斷演進的未來願景；有些人繼續當執行長，但找進一位善於管理組織的資深領導者當總裁或營運長；也有人離開公司，致力顛覆一個嶄新的產業，或者在競業禁止協議到期後，在相同的產業設立一家要顛覆局面的競業新公司。決定賣不賣公司的時候，創辦人的過渡議題甚至有可能變成考量之一。

不同階段的領導風格及伴隨而來的創業者轉變議題，本來談到這裡就夠了，然而在這個科技變遷連連加速的時期，產業顛覆幾乎是連續不斷地上演。組織取向的領導者還來不及完成擴張規模過程，沒多久就發現他們這會兒變成顛覆的目標了。產品是公司成功的源頭，他們專心扶植產品，沒有發現改變正在發生。如今，公司還在成長曲線上，就會需要處理「循環周期性發展」的策略問題，這也造成願景取向和組織取向的領導方法需求之間持續的緊張。

在產品和產品功能的層級，產業一直都在改變。成功的公司必須在日常的商業進程中，實現這個層級的創新。從事這類改變只是著眼於組織領導方法的要件之一，畢竟顛覆不會在打造功能或強化產品線的時候發生，而是在替換效應或生活方式的層級上操作的。Uber 和 Lyft 顛覆了運輸方式，但僅僅微調計程車的商業模式是辦不到的；這兩家公司創造了嶄新的方法將運載方式和乘客湊在一塊兒。Apple 顛覆數位運算產業的方式，讓人們能將他們的電腦和溝通裝置帶在身上，而且時時都能使用。Uber 一開始看起來就跟別的應用程式沒有兩樣，iPhone 看起來跟其他的手機沒什麼兩樣，只是有一些額外的功能，甚至還少了鍵盤。這兩項產品首次發表的時候都像是新產品，而不是某種顛覆行為。

居市場領先地位的公司，它的領導人埋首核心業務的時候，不大可能看出諸如此類的改變正在發生，他們需要組織裡有人不像他們那麼專注在核心業務上，才能提示他們留意攸關公司的潛在改變。這有助於他們偶爾將目光從樹移開，才能看見森林。意思不是說一有改變的動靜，他們就會立刻反應（甚至也不見得要反應）；反之，意思是他們有察覺到業界可能的走向。當顛覆產業的改變初露端倪，著眼組織的領導班底將有更完善的準備，可以開始將改變納入他們的策略和開發活動裡。

縱然不領導整個組織，成長飛快的新創公司仍需要有胸懷願景的領導者當團隊成員。雖然原本的先知未能改從組織著眼來領導組織，但如果團隊裡要有胸懷願景的成員，誰能比他們更合適？這需要著眼組織和胸懷願景的領導者之間達成一些共識：前者必須耐心對待後者偶爾惹起的混亂，而後者必須接受的是，他們提出的點子不見得都會立刻進行，也應避免會影響組織眾議的嘗試。在兩類領導方式間建立正確的關係，是長期成功的關鍵。一旦失去焦點，公司的高速成長將會消散，但缺乏對產業變化的警覺心，恐怕葬送機會，得不償失。

如果要賭上公司孤注一擲，或許就該賭在替代品和生活方式的改變上。尼采對領導者的想法，就好像是慣常賭上公司的人，可是風向一變就轉舵，公司永遠沒辦法實現它的潛能。但在變遷越來越快的時期，公司同樣無法忽略進行中的改變。兩類領導人都有其必要。

關於著眼於組織的領導方式，更多討論請見〈做事不是領導〉。關於有遠見的領導人性格特徵，更多討論請見〈偏離常道〉〈執著〉和〈天才〉。關於一次顛覆太多事情的風險，更多討論請見〈找到你的方向〉。關於上下一心和眾口一聲的差別，想了解我們的看法請見〈團體迷思〉。

內向者

最寂靜的時刻對我耳語：「……做大事艱難：但更難的是發布做大事的命令。你啊，怎麼說都不聽、實在不可原諒的地方是：你有權力卻不願統治。」我答道：「我缺乏發號施令的雄獅吼聲。」這時，無聲又如耳語一般，對我說：「最寂靜的話語，能掀起風暴。腳步如鴿的思想，能引導世界……」

換句話說：我聽見一個聲音說「做大事固然困難，但領導眾人做大事更困難。」我自忖：「但我不是天生的領導者。」那聲音接著說：「最劇烈的變革來自手腕輕巧的領導者。」

尼采在這段引言裡處理的問題，說不定就是你抗拒建立組織的理由：你不認爲自己是領導者。人們常以爲領導者都是自我中心的外向者，發號施令的聲量如雷貫耳，然而，你不是在白刀子進、紅刀子出的戰場上帶領士兵。在商業世界裡，要讓人聽命，更在於細膩的說服技巧。縱然你位高權重，是房間裡口氣最狂、話聲最響的人，權威也不會因此產生。團隊敬重你，因此有意迎合你的想法，這才會產生貨眞價實的權威。

如果你是內向者，這項挑戰似乎更遙不可及。你有時要在一大群人面前說話。開會的時候，你的口氣和回應的內容，都會更加舉足輕重。每個人都會知道你是誰，你的目光不能閃躲，你本人也不能躲著人。這些交際會耗盡你的精力。儘管如此，你不必假裝自己是外向者，你可以「腳步如鴿」地與人互動、傳達訊息，也就是按照契合你內向性格的方式。

史上最偉大的領導者和企業家中，不乏內向者。比爾·蓋茲（Bill Gates）、賴瑞·佩吉（Larry Page）和馬克·祖克柏都是內向者。林肯內向，甘地亦然，後者還曾說：「你可以溫柔地撼動世界。」你聽得出這跟尼采的論點有多相似。內向的創業者也能借鑑近年一些書籍，包括蘇珊·坎恩（Susan Cain）的《安靜，就是力量》（*Quiet*）和洛麗·海爾格（Laurie Helgoe）的《內向力》（*Introvert Power*）。

不過這也不表示隨便誰都能擔任領導。Apple 的共同創辦人史蒂夫·渥茲尼克（Steve Wozniak）說：「一個人工作。不要在委員會上列席，不要成爲團隊的一員。」如果你性情如此，就需要找個能建立並領導團隊的合夥人，而你專注打造產品。

要判定領導眾人的職位適不適合你，不妨下點功夫理解自己，以及領導眾人必要的條件是什麼。你不需要「發號施令的的雄獅吼聲」，不需要外向好動，不需要講話大聲，也不需要發布命令。你要做的事情比這些都要難：你要找出掀起風暴的寂靜話語。

關於從做事的人過渡到組織的領導者，更多討論請見〈做事不是領導〉。關於「雄獅吼聲」的缺點，更多討論請見〈溫和領導〉。關於尼采所謂「最寂靜的時刻」，也就是偉大事件發生的時刻，請見〈無聲殺手〉。

溫和但堅定地付出心力能「撼動世界」

麥克．凱爾（Mike Kail）/ 商業顧問公司 Palo Alto Strategy Group 技術總監

我的技術生涯開始於 25 年前，那時我極其內向，在 Control Data Systems 當網管的職位讓我很自在，伺服器和網路設備不需要我跟它們社交。幾年間，我發展出一點把自己推出沉默舒適圈的能力，力氣還很有限，但有時候我會過度補償，差一點就變成「超級大混蛋」。所幸有位同事幫了我一把，我們好幾次誠懇相談，關於怎麼溝通比較有效，還有要怎麼樣更有自信、更堅定。像我這樣的內向者，受「冒牌者症候群」所苦，自信、堅定等特質不會自然出現在我們身上，需要奇高的「社交能量」才能表現出那些特質。

我晉升 Unix 系統架構師，滿意這個角色，日子也自在。我可以讓高超技術代替我說話，把時間花在我自己的殼（對，這是笑點）裡離群獨處。不過在這個職位上就必須一直待命，意思是一天裡的任何時刻，只要系統掛了，我就會被召喚。雖然不是不能接受，但我記得很清楚，那時我在心裡跟自己對話：「50 幾歲的時候，有一天你醒過來，還是在待命。那應該不是你渴望的生活。」

問題是，我沒有管人的經驗，加上生性內向，光想到要管人，我就嚇得半死。儘管如此，善加疏導的內在動力是一股強大的力量。這些年我跟其他內向者談話，發現這是我們的共同點。那時我決心要積極邁步，將我的職涯導向能賦予我更多責任、更多成長機會的角色。

我應徵了一家草創期新創公司的主管職，既失望又震驚地收到婉拒的電子郵件，因為以前從來沒有這樣的經驗。內向者的另一項特質是發瘋似的堅持。幾個月後，我發現那個職缺還沒徵到人，我給他們「長」字輩的主管寫了一封簡潔直接的電子郵件，指出我自認他們犯了一個大錯，我是適合該職缺的人選。我拿到了那份工作。就跟前文甘地說的那句話一樣，溫和但堅定地付出心力能「撼動世界」，為我的未來建立更富自信的立足點。

這段時間，我開始萌生成為資訊長的抱負。那家新創公司沒有起色，一位親近的友人說服我加入他擔任技術長的公司。我技術方面的歷練切合職務所需，再經他持續輔導後，我大有成長。那時我是公司資訊部門的副理，而這家公司在灣區、鹽湖城和德國都設有辦公室，「混搭」的文化幫助我更進一步擺脫了內向的性情。我對自己社交的技能越來越有信心，努力培養商業嗅覺。

我認為資訊長的抱負是「非理性的繁榮」，但好運降臨，我加入 Netflix 當員工技術主任。這時冒牌者症候群又冒出頭來：Netflix 裡有才華的人如過江之鯽，我常常覺得自己是狼群裡最弱的那頭。我致力對一些弱點對症下藥，別的不說，我開始在資訊長的活動上講話。我曾經是長距離跑者，耐受痛苦的閾值很高也是理所當然，遇到艱難的比賽，我還知道要怎麼運用心理遊戲撐到底。於是，儘管成為那些活動和會議的焦點，無處可「退」，但我運用相同的能力撐過去了。不出數月，我升為副理。

在 Netflix 待了 3 年半，我受邀跟時任 Yahoo ！執行長的梅麗莎 · 梅爾（Marissa Mayer）會面，討論資訊長一職。

我受寵若驚，連緊張都拋到九霄雲外。「面試」定在周六午後、梅爾家後院，這對我很有幫助，免於大公司陣仗的壓力。我仍舊是那個冒牌者，但那 2 個半小時的談話應該還過得去。不過當晚我檢查信箱，收到那封預聘書時還是愣傻了。

次日很緊湊，我跟 4 位資深主管會面，連續「開機」9 小時，過程既刺激又讓我精疲力竭，滿腦子都在跟提問、擔憂、興奮，當然，還有自我懷疑賽跑。當晚他們就正式提出聘書，而我徹夜沒睡，跟妻子和導師商議，翌晨接受聘書。我獲派的第一項任務是跟公關團隊開會，要接受數場媒體訪談。只跟 Unix 打交道的那些年，我是做夢都想不到後來事情會這樣發展。

對於尼采的忠告，我想加上《孫子兵法》的一句話：「知可以戰與不可以戰者勝。」

5 手腕 TACTICS

雖然創業之道充滿引人入勝的概念，手腕的重要性請務必牢記在心。說到底，你要把事情做成才能談顛覆。

尼采雖是哲學家，但其警句多借鑑他對人性和心理學的觀察，跟如何做事大有關聯。展現而勿空談，全心跟受衆打交道，溝通之前先把環境打點好：凡此種種，都能看出尼采知道偉大的表演者如何傳遞訊息。

今日「透明」已經是用爛的詞，但尼采知道在溝通中光明磊落能有多大的力量，當真正的祕密比浮於表面的模樣更深沉時，尤其如此。將情緒編織進溝通時的言行舉止裡，既能讓人專注聆聽，也能縮短跟受衆的距離。這招可載舟，但錯用亦可覆舟。

光是勤奮，無法養成對觀點和情境的敏銳。了解如何退一步反思情境，還有維持一貫的惕勵卻不至於倦怠，這些又是另一組尼采筆下浮現的想法，讓人回味再三。

接下來的章節，有些表面上不像是有什麼手腕。讀完尼采的引言，咀嚼我們的詮釋，再翻回該章標題——這會兒是不是更有戰術的味道了？你會怎麼應用在自己的事業上呢？

再來一次，這次放感情

你想要教導的真理越抽象，就越是必須把感官誘引到它那裡去。

換句話說：溝通抽象觀念時要觸動感官經驗。

身為領導者，你常會從抽象層面思考你的事業和組織。你不能只考慮功能、顧客和個別的員工，而必須從策略、市場和團隊做考量，才能打造事業、扶持組織。

當你試圖跟你的團隊、顧客或投資人溝通這些觀念時，應確定有完整捕捉觀念涵蓋的範圍。試看貴公司的使命宣言或公司價值宣言，其遣詞用字勢必籠統含糊，每個人才能在千變萬化的情境裡找到指引。

然而遣詞用字偏抽象，會有不少困難。抽象詞彙的意義見仁見智，例如「公平」的意義就取決於你的價值，反觀「功績」雖然還是抽象，至少意義比較窄，在一家公司的情境中更沒有多少誤會的餘地。

很多人不情願，或是沒有能力有效處理抽象資訊。舉例來說，邁爾斯．布里格斯性格分類法（Myers-Briggs Type Indication,MBTI），區分「直覺型」（N）和「實感型」（S），後者偏好運用具體的思考和溝通模式，而前者偏好抽象的型態。

抽象和概括的詞彙很難激勵或鼓動人心，就算對方聽得懂你的意思也一樣，那些詞彙就是說不上來地枯燥乏味。不把血肉刷洗得一乾二淨，是做不到一言以蔽之的。

要化解這些困難，請重申你想要溝通的訊息，但不要只是重彈老調，請給實例。如尼采所說，你必須「把感官誘引到它那裡去」。例子務求確切、誠摯，盡你所能打動情緒。與其重複「品質是我們的首要目標」，不如談談某個特定的顧客，談品質如何影響他們的生意。使用意義狹窄但人人能接受的字詞，會比籠統的詞彙更佳。

更好的情況是，你能展示該客戶的某位員工照片或影片，用來刻畫產品如何幫了他的忙，或是怎麼讓他失望了。諸如視覺或聽覺的感官經驗，甚至是摸得著的有形物件，都比只有文字來得強。如果這些經驗包含觸動情緒的內容，那是再好不過的。團隊看得見影片裡的顧客雀躍或失望，訊息不只會被送進他們的大腦，更會進入心中。

籠統陳述所觸及的範圍，必須用形形色色像上段所舉的例子，才能占下來。若非如此，你冒的風險是相反的問題：只有寥寥幾則例子，每一則都承載太豐富的意涵。有多采多姿的例子，至少一則讓聽眾有所共鳴的機會也比較大。另一項好處是，你不至於把同一則故事一講再講，畢竟重複得太頻繁是會讓人充耳不聞的。每給出一則例子，複述一次概括聲明，聽者才會把兩者連結起來。把概括聲明跟有變化的例子結合起來，就是最強而有力的做法。

關於情緒在溝通裡扮演的角色，更多例子請見〈正確的訊息〉〈吸引人跟上來〉和〈感謝〉。

轉刀轉得巧，投資拿到飽

妮可．葛拉羅斯（Nicole Glaros）/ Techstars 投資策略長

人們每年都要看數千則廣告，廣告常會混在一起，大腦就置之不理。投資人也受到類似的影響，因為他們一年要聽數百次甚至數千次投資提案，一陣子之後，提案聽起來都大同小異。這讓他們很難聽見貨真價實的商業機會，而對試圖募資的創業者來說，這是莫大的麻煩。

對抗這項挑戰的技巧之一，是運用情緒驅動聽者投入提案中。在 Techstars，我們稱這項技巧「轉刀」。你看穿我們的把戲了嗎？你感覺或看見一把刀被轉動，就轉那麼一點，就讓人有那麼一點不安，卻比訴諸事實的平鋪直敘更能抓住你的注意力。過去 10 年，我都在教創辦人這項技巧。「轉刀」的想法是幫助投資人對顧客的痛點感同身受，或是讓他們有其他發自肺腑或感官的經驗，讓他們更投入到提案中。這項技巧將投資人的注意力拉高，高到其他提案所不及的程度，這樣一來，新創公司拿到資金的機會也就增加了。轉刀轉得巧，投資拿到飽。

2010 年，我們輔導 Scriptpad，他們把這項技巧用得爐火純青。他們本來可以只向投資人說：「Scriptpad 這項服務讓醫生能傳送數位處方箋給藥局。」然而，以事實平鋪直敘不會讓投資人感受到真正的機會。Scriptpad 實際說的是：「Scriptpad 讓 iPhone 和 iPad 搖身一變，變成數位處方箋。跟現行的紙本流程相比，Scriptpad 讓醫生更快、更安全地開立處方。」「為什麼要做數位處方箋？因為現行流程會殺人。」

這裡有一個例子，是一張字跡讓人完全看不懂的手寫紙本處方箋──提案中包含一張處方箋的照片，本案中的藥師因為看不懂醫生的字跡而配錯藥，他把 Isordil（治療心絞痛）看成 Plendil（治療高血壓），不但沒有控制住患者的症狀，藥物還造成一次劇烈且致命的心臟病發作。像這樣的事情一再發生（提案中包含一張有許多處方箋的照片）。事實上，每年在那些熟悉的紙本處方墊上草草寫就的 17 億份紙本處方箋裡，將近 4 成有錯，從忽略藥物間的交互作用、劑量不當，或單純是字跡看不懂，形式不一而足。每年有 7000 人死於這些錯誤，另外有 150 萬人因此受傷，造成數十億美元的住院和醫療成本。

讀完上面這段話，你不怕再拿到紙本處方箋嗎？為了人們的生命安全，你不覺得這個服務需要存在嗎？試想：看不懂的字跡可能真的會害死人！ Scriptpad 使用真實的例子凸顯那股情緒。他們仔細選擇諸如「更安全」「看不懂」「殺」「熟悉」「草草」等字詞，以將情緒和感官經驗帶進到他們的句子裡。

沒錯，Scripted 使用恐懼驅動情緒，但每種情緒都能起作用。喜悅、好奇、熱切、悲傷等，大多數情緒都能讓人側耳聽故事。

然而要撩撥恰到好處的情緒分額，有時不易拿捏。我常常看到提案錯在要求太多情緒。舉例來說，我輔導的另一家公司提供幫忙找尋失蹤兒童的服務，他們早先的簡報展示一張兒童的照片，接下來則是一張新聞照片，孩子的身體從一席被單下露出來，攝於孩子遭誘拐後被尋獲的地方。簡報者請你想想這種事情發生在你自己的孩子身上，這時，聆聽提案的人，包括我在內，都再也聽不下去，太恐怖了，我們想都不敢想。聽衆別開目光不看螢幕，終於連公司都不理睬——形象和措辭都戳到痛處，他們絲毫不想參與其中。

於是他們修改並簡化了提案，訴求改成：「我們街坊一個小孩失蹤，因此創辦這家公司，我不希望這種事情發生在其他孩子身上。」這樣效果就對了，人們變得比較感興趣。提案可能需要一點練習和測試。才能抓到正確的平衡。

對著受衆演奏

懂得如何表演得好還不夠，也必須懂得如何讓自己被聽得真切。房間太大，超凡大師手中的小提琴也只能發出唧唧聲，那麼人們把大師當成隨便哪個蠢材也是難免。

換句話說：表演得好不夠，聽眾必須要能沉浸在演出裡。如果場地的聲響效果惡劣，就連偉大的提琴手都難以入耳。大師可能會被人當成初學者。

同理心是設身處地爲別人著想的能力，也是創業的重要技能。許多類型的場合都有同理心發揮的機會，也包括「別人」是一整群受眾的時候。不論你在視訊會議上說話、對投資人簡報，或是在研討會擔任與談人，你都應該考慮受眾的觀點和情境，才能事半功倍。

對受眾發揮同理心的起點，是自問：受眾能否眞切聽到你的聲音並且聽懂你在說什麼。在遠端溝通的情況下，問題格外嚴峻。手機和網路視訊會議的連線品質起伏不定，有時慘不忍睹；背景大量雜音是家常便飯，譬如機場廣播或是市井喧囂。你或許把這些情況視爲當代商業的實況，但另一端的投資人或顧客恐怕不在乎你怎麼想，他只會因爲你說的話他大都聽不懂，而對你的表現印象平平。

不論是在電話上還是面對面，如果你有口音（相對於你的受眾而言），或者語速偏快，或者話聲含糊，也會引發同樣的困難。受眾或許要全神貫注才能聽懂從你口中說出來的一字一句，以至於錯失你試圖訴說的要旨，沒弄懂爲什麼你想說的事情很重要。人總在忙東忙西，隨時有排山倒海的資訊襲來，如果要費一大把勁才能聽懂你想表達的事情，他們只會掉頭離去。

除了這些殘酷的硬道理，還要顧及演講的風格。你有沒有談到受眾特別在乎的主題，以抓住他們的注意力？說話有沒有帶著適當的熱忱、帶他們互動，讓他們的注意力不至於渙散？你會不會自己一頭熱而讓受眾厭煩？你有沒有留意自己的肢體語言或形象？你有沒有想過手中是由怎樣的人組成，哪種風格最投他們所好？每次演講你都照表操課，還是會量身訂製？

你應當了解你的受眾——這種老生常談你聽多了，但同等重要的是：你要怎麼運用關於受眾的認識。務必確保他們聽得清楚且明白。投入精力，按照受眾以及他們的興趣與偏好，打造你的溝通風格。

關於以正確的方式傳達訊息，更多討論請見〈正確的訊息〉〈溫和領導〉和〈再來一次，這次放感情〉。

有效溝通意味著持續贏得受眾的注意力

班・卡斯諾查(Ben Casnocha)/ 創投公司 Village Global 共同創辦人和合夥人,《自創思維》(*The Seartup of You*)和《聯盟世代》(*The Alliance*)的共同作者

2001 年,我創辦的首批公司之一製作企業用的軟體,向地方政府銷售管理顧客關係的工具。對這些機構來說,由雲端遞送軟體還是件新鮮事。我深信我們的技術方案至少要開 90 分鐘的會才夠說明,1 分鐘都不能少。一進到政府單位主管的辦公室,我就花滿滿 90 分鐘討論採用我們家軟體的前景,並加以展示。講完,我會問他們有沒有問題或意見。

收到十幾次「謝謝,不過謝了」的回應後,我開始察覺受眾目標僵直的眼神和躁動的肢體語言,這才明白是怎麼一回事。我講了 10 到 15 分鐘後,本來有興趣的人也不理不睬了。身為初出茅廬的業務員,我學到有效溝通意味著持續贏得一項殊榮,那就是受眾的注意力。你要有好理由,受眾才會繼續聽;你自顧自地滔滔不絕,他們聽都不想聽,逕自把注意力讓給其他事物。

如今,我一個月要講好幾場演講,談人才管理。從我創辦軟體公司起算,15 年過去,人們的注意力縮得更短,而要有效地跟他們溝通,受眾參與這項因素變得格外重要。我的一個應對之道,是要求受眾的輕量參與。

舉例來說,大部分員工到職第一天的經驗為什麼糟糕?我不單分享一套理論,還會請受眾回想:「想像這是你到職第一天,僱用你的主管走進房間……」再來,我不會連珠炮拋出關

於公司員工平均年資的統計數據，而是說：「你在目前的職位上做幾年了？請用手指比給我看。」接著，我把受眾「身體投票」的結果，跟我想建立的較大論點連結在一起。

不論是正式演講的台上，還是主導任何類型的商業會議，我盡量每 5 到 10 分鐘就請在場眾人想像某個情節、反思某個情境、回答眾人避而不談的問題，或抬起手指做身體投票。這些簡單的花樣有助於維持受眾的注意力。

唯有抓住他們的注意力，他們才會把我的訊息聽進去。

展現價值

某人為我們效勞，我們是根據那人自己設定的價值，而不是根據這種服務本身對我們有什麼價值，來給評價。

換句話說：我們感受到的服務價值，不在於它實際帶給我們的價值，而要看提供服務的人怎麼呈現。

顧客的行爲不見得合乎理性。你的公司會影響顧客的觀感，尤其定價、品牌或產品定位和顧客體驗這三個領域，最應該重視公司的影響。

如果你給產品或服務定的價格低於應有的價格，等同告訴顧客該產品或服務是大宗商品，就算是爲了競爭也難逃這個印象。如果你在價格上太好說話，就是告訴顧客：對於所要交付的價值，你不是很有信心。最重要的是，你認爲顧客會收獲多大的價值，你心裡必須有個底，定價應該要反映你估計的價值，而非根據提供產品或服務的成本，也不是根據比你遜色的競爭對手收的價錢。

容我們爲這種做法舉個例子，那就是把你的產品定位成「策略用途」或一種「解決方案」，向你的潛在顧客兜售一幅願景，讓他們看到你的產品可以怎麼解決一個完整的問題，或是讓過時的營運方式脫胎換骨。大膽的願景能創造興奮的情緒，讓潛在顧客也熱衷起來，讓別人看到：你在自己的產品裡看見價值，遠遠超過產品直接滿足的戰術功能。提出大膽的願景會幫助顧客放膽思考，亦可視爲一種領導手腕。使用你的產品，他們能見到更光明的未來。

類似的分析也可以運用在顧客體驗上，高檔餐廳深明此道。他們會訓練侍者詢問客人餐點是否「美味」，而非每道餐是不是「還行」。你的團隊必須在自大和自信間取得平衡，但他們應該抱定一個基本假設，那就是公司帶給人們偉大的價值。把這個假設當作起點，讓顧客明白貴公司的目標是帶給他們喜悅，在這樣的情境下讓顧客反映其不滿之處，有助於顧客固然知道產品或服務的缺失，仍不忘其確實帶給他們的全面價值。否則，他們可能只惦記著體驗所遇到的問題。

由價值出發的定價策略、提供策略面願景的產品定位，以及假定顧客應該要獲得優良經驗的客戶服務，來凸顯你爲顧客實現的價值。

強調價值可以是貴公司文化的一環。要怎麼做到呢？一些想法請見〈風格〉。關於確保價值名符其實，更多討論請見〈壓勝〉。

他記得我們首度亮相的那次，整張臉都煥發著興奮之情

薩爾・卡西亞（Sal Carcia）/ 電腦軟體開發商 Viewlogic Systems 共同創辦人和行銷長兼業務

Mentor Graphics 是一家成功的電子電腦輔助工程（Computer-Aided Engineering，CAE）公司，該公司的軟體在效能強、成本昂貴的阿波羅*圖形工作站**上執行。1980 年代初期，我參加了該公司其中一位創辦人的演講。

Mentor 的說明重點放在工程師的工作日，他們的一天均勻分成設計、寫文件和溝通。設計方面，CAE 產品通常提供繪製電路圖的編輯器，還有邏輯和類比模擬器；文件方面，可建立網表和零件表；溝通方面則可以傳輸檔案。至於要製作其他形式的文件、以不同方式溝通，工作站平台有通用的文字處理器和電子郵件可用。

要說缺點的話，那就是要配套的 Mentor 阿波羅工作站太昂貴，以至於被當成工程師共用的資源。眾人只用核心功能，文字處理和電子郵件等工具就束之高閣了。

Viewlogic Systems 的原始想法就是從這裡開始的。我們鎖定 IBM 個人電腦及其相容平台，它們都比阿波羅便宜得多。相較於集中管理的工作站，工作日的概念在個人電腦上更合情理，因為這套系統一天 20 小時都待在工程師的桌上。

---

* 編按：阿波羅電腦（Apollo Computer, Inc.）。為 80 年代圖形工作站的的先驅業者。

** 編按：專門從事圖形、圖像與影音工作的高級專用電腦總稱。

除了設計、製作文件和溝通用等標準產品，Viewlogic 還提供自家的整合文字處理器（ViewDoc）和電子郵件（ViewMail）。那年頭要整合第三方工具很困難，我們獨特的地方就在於跟設計工具整合。舉例來說，我們可以從 ViewDraw 剪下一張電路圖，貼進 ViewDoc 的文件，再由 ViewMail 寄出電子郵件，不費吹灰之力。

產品首次在地方科技媒體亮相時，我們的計畫是以大半時數展示標準設計工具，再以剪下、貼上、寄出的功能作結。值得一提的是，那時 ViewMail 還跑不起來，ViewDoc 滿是 BUG，那段演示其實有造假。設計工具的演示讓媒體很滿意，但接下來我們工程部的副理開啓 ViewDoc，鍵入該份設計的描述，剪下一張電路圖，貼進 ViewDoc 文件裡。群衆開始騷動，「哇」和「啊」此起彼落，我本來以為他們在開玩笑，但不是。副理接著把文件寄給另一個工程師，那位工程師開啓文件時，全場觀衆立即鼓掌。

過了幾周之後，我們公司參加設計自動化研討會（Design Automation Conference，DAC），雖然被排在展場後方的角落，正式介紹產品時還是能見到相同的興奮情緒。群衆越聚越多，我們紅了，而且就在這場展會上簽到我們最大的客戶：東芝（TOSHIBA）。

6 年後，我們在跟一家非常大的 CAE 公司談收購，該公司的執行長是業界的楷模。有次他轉頭跟我說，他記得我們在 DAC 首度亮相那次，整張臉都煥發著興奮之情。他開始描述電路圖是怎樣被剪下、貼上，在個人電腦之間魚雁往返，簡直像魔法一樣。

然而，產品公開亮相幾年後，我們放棄了 ViewDoc 這項產品，因為顧客不怎麼使用它。它的表現確實一直都不出色，但更重要的是，雖然我們的工作站以個人電腦為基礎，顧客還是沒有把它當成桌面產品使用；雖然價格比較低，卻還是一項共用資源。儘管如此，只要用得起，多數顧客還是樂於為 ViewDoc 多付錢。

想不到，對工程部的管理人員來說，ViewDoc 和 ViewMail 是一種象徵：他們看到的不是一台個人電腦，工程師真的會花更多時間做設計。這才是 ViewDoc 和 ViewMail 背後的價值。此外，個人電腦還代表在設計者跟其他部門間開啓更多資訊流的機會。這一點從那時到現在都是產品設計的經典難題。我們將這些工具整合在一起，代表的是一幅願景，展現出在個人電腦上運行的 CAE 工作站還有廣泛的用途待發揮。我們的設計工具雖然引人入勝，倒不是獨門特色。將 ViewDoc 和 ViewMail 整合進全方位的設計平台，這才獨特。還有，觀賞我們的產品讓人興奮，又能提升公司的才調。

Viewlogic 後來仍舊十分成功。發表之初，產品以其願景和它象徵的意涵而教人興奮，但說到底它的根基是在人們相對熟悉的一套功能上，而這套功能大半是從競爭對手的產品原封不動搬過來的，只是總價比較低而已。

強烈的信念

只要我們發現信仰的力量被強調，就該推論這種信仰很難找到憑據，而且不大可能貨真價實。

換句話說：當人強調他們對某個東西信之不疑，而不是強調有哪些底層的邏輯和事實支持他們的信念，那樣信念恐怕是說不通的。

許多人很容易聽信別人的話。人類心理機制的這項特徵，是文明結合的重要因素。對照之下，試想假新聞當道如何造成訊息混亂，而人們又是怎麼用「認眞就輸了」的態度去應對。

人遇到某些「紅標」或「開關」，會開始起疑。例如大家都知道買二手車的時候要謹愼行事、跟名聲在外的騙徒打交道要小心翼翼。哲學家稱之爲「反例」，遇到反例，我們就會放棄人人都說實話的基本假定。

那尼采的意思是，對一種信念抱持信心也是紅標的一種嗎？不盡然。注意，他用「強調」修飾信念，所以一個人不光對他們的信念懷有信心，似乎還有需要強調或標榜那份信念的時候，警鈴才會響起。像「太陽明天會升起」這種事情，沒有人覺得有必要多討論。

假定某人認爲喬是最適合某份工作的人選，有人問起原因，他說：「我深信他是最適合的人選。」或許話聲還格外響亮，語氣特別有力。這種情況或許會令別人起疑。如果有好理由相信某事，還能加以清楚說明，那何必強調這份信念有多強呢？

起疑心的開關，其靈敏度會隨我們多熟悉陳述信念的那個人而變動。跟信心有關的行爲，可以在很大的範圍內變動。有些人除非打從心底對自己的意見有信心，否則無法坦然陳述意見，而且一被質疑就可能會糾結不已，即使他們確實有很好的理由也一樣。另有些人處理事務的首要手段就是操弄人心，不排除表現出信念堅強的模樣以嚇阻其他人，或是讓他們擁護的議程強行通過。由於許多人不具備此處討論的凡事懷疑的反射神經，那些操弄人心的手段常常是有效的。

你身爲領導者和創業者，應從意見的接收方和給予方，雙方面考慮上述議題。身爲接收方，你務必提防僅有強調強度的信念，但你會怎麼質疑這樣的信念，方法也要謹慎，畢竟往下質疑可能會發現講者知道的比你多。深信不疑的信念通常不易改變，所以，縱然你打定主意不採行那些信念，直接質疑可能不會收獲你想達成的效果。不論表達信念的人是員工、顧客還是投資人，都要考慮這一點。

提出自己頗具信心的信念時，不要只提你有信心的事實，務必將理由納入其中。如果按你的領導風格，你不時會強烈表達信念，而且有時會用信念的強度掩飾不確定、或是遮掩把理由講清楚的難處，那你應該要注意：久而久之，有些人的信心會因此打折扣。優秀的人總有一天會看穿的。

其他關於強烈信念的切角，請見〈堅持〉和〈堅定不移的決心〉。

光明磊落

我發現許多精明的人：他們用面紗遮臉，把自己的水攪渾，以為這樣就沒人能看穿、看透他們。可是，更精明、而且什麼都不信的人和「胡桃鉗」恰恰會盯上他們：釣走他藏得最隱蔽的魚！然而，表達清晰、誠實不欺和光明磊落的人——我以為他們是最有智慧的沉默者：因為他們的底蘊淵博，故而最澄澈的水也不會讓他們洩底。

換句話說：我遇見許多精明的玩家，隱藏情緒、說話模糊、蓄意誤導，這樣一來沒有人能弄清楚他們的動機和計畫。但就因為這樣，引來更精明的人，他們誰都不信任，專精釣取資訊：這些人有辦法從精明的玩家身上釣出藏得最好的祕密！對我來說，那些表達清晰、誠實而且光明磊落的人才最有智慧。他們的祕密太淵博，就算交代得清清楚楚也不至於洩露。

尼采認爲，行事詭祕、神祕兮兮的人自認精明，實則天眞。對於自己從事的生意多透露一點資訊都不願意的創業者，我們認爲也有同樣的情形。有的是因爲擔憂點子會被抄走，有的是企圖擺出神祕兮兮的樣子來引人好奇，往往這些成分兼有之。堅持先簽保密協議才肯開口談，哪怕是枝微末節的事情，或許就是這種扭捏的表現才讓他們看起來很天眞。我們的看法跟尼采一樣，認爲這種行爲既顯得沒見過世面又無濟於事，不會收到想要的成效。

當前這個時期，到處都是加速器和創業周末*，大學裡有創業輔導計畫。任何想得到的商業點子，十之八九有某個地方的某個人正在從事。在《做更快》（*Do More Faster*）裡提到提摩西・費里斯（Tim Ferriss）斷言「你的點子毫無價值」，因爲執行才是關鍵。

如果你自信從未有人想過你的點子，那這個點子可能爲時過早。如果這題似乎沒別人正在做，或許這個點子有根深柢固的障礙，難以成功。果眞如此，其他人多半考慮過這個點子，卻發現困難所在——甚或已經嘗試過，失敗了，於是改變了思維。假定你爲這項難題找到解決方案，別的團隊大概也評估過你的解決方案而後捨棄。基於這些原因，如果你的點子在市場上眞的那麼獨一無二，這件事本身就是一種自相對立的主張。

倘若向別人說明你的商業點子就會嚴重損害你的商機，那你的點子是守不住的。爲了賣產品，你總有一天要公開這個點子，何況，套句知名程式設計師馬特・穆倫維格（Matt Mullenweg）的話（也是在《做更快》提到的）：「對點子來說，有人使用就像氧氣一樣不可或缺。」祕密行事讓人無從使用你的點子，也減少了回饋。如果你的商業點子必須保密，那多半不是好想法。

只要對該領域略有涉獵，眞正能顛覆產業、而且生逢其時的商業點子通常是以簡單易懂的方式解決問題。以前辦不到，但這會兒有可能顛覆產業了。促成這個情況的種種因素匯流在一處，那就是商機之所在。這些因素可能包含產業或顧客行

---

* 編按：Startup weekend。在周末舉辦的創業者活動。參與者須在短時間內完成創意發想、團隊組成、點子呈現，向台下的投資人發表。

爲的變化，或是跟你開發的獨特技術或嶄新的市場進入策略有關。這些改變往往發生在其他近期技術創新或市場變動的肩膀上。這是複雜的綜合效應，只能事後說明，無法事前揭露。

或者是，沒人相信行得通，直到你做起來。說不定你的點子是其中之一。

不論是哪一種，你對商機的評估大概都會備受爭議，沒幾個人會認同它行得通。同意可行的人都明白：一旦頭洗下去，就要投入這個點子好長一段時間，所以能跟你一樣執著於這個商機的人更少。倘若還有人留下來抄你的點子，他們固然能認識其價值，對市場也有熱忱，但說到底他們自己想不到這個點子。你眞會擔心他們，乃至於他們跟你競爭的能力嗎？

對你的商業點子保密到家，看在人們眼裡是歷練尚淺，因爲經驗豐富的創業者知道執行比點子更重要，知道好點子需要曝光，才能積攢使用量和回饋，反觀沒有別人跟進的點子在世人眼裡就是商機薄弱。

假使你試圖裝神祕，遇到有經驗的投資人、顧客和員工將適得其反。他們是尼采所謂的「胡桃鉗」，會看穿你的把戲。你試圖傳達的是你握有一些有價值的事物，但你不能說，但他們預料你只是在掩飾外強中乾。歷練較淺的人或許會被這種舉動瞞過，或許你也能勉強賺到一點錢，但憑這種做法不大可能建立一門能規模化的事業。

在隱匿模式中營運一段時間，在一些情境下是合理的，當你不太知道最終會做哪種生意的時候，尤其如此。你大概有一些直覺和初步技術，但還在探索要深耕的方向。在這些情況下，計畫很可能會變，或許會讓顧客、投資人或員工困惑，所以你不想公諸於世。畢竟你還沒公開插旗之前，要軸轉是容易得多。更進一步說，你也不想讓人知道過程中你探索過哪些死路，何苦幫競爭者省時間。當你終於讓事業公開亮相，沒有人會知道你已經探索過哪些門路，因此不會知道你公開透露的方向其實經過重重淘汰。如果你選擇實行隱匿模式，又眞的跟人談到你的事業，你應該直白地說明此刻還在投石問路。你只是還沒完全決定方向，不是有什麼大祕密。

在商業點子和市場機遇的廣大情境中，大部分表現良好的新創確實有某種獨門招數或是聰明的做法，只是不容易看出來。新創的行話有時稱之爲「祕密醬汁」或「不公平競爭優勢」。這就是另一回事了。獨家處理方法或演算法的細節、有望談成但還沒簽定的關鍵商業合作，都不該拿出去說。談到這些就籠統帶過，言明你認爲這是獨家優勢之所在。話說回來，如果你是跟投資人說話，就要確保這項差異化的要素是眞金白銀。他們遲早會弄清楚你手上到底有什麼牌，如果你對其重要程度或獨特之處言過其實，這些投資人不會再相信你。談到你的獨門做法時，學習從它添加的價值來講述，才不至於便宜了有意複製的人。

諸如盡職調查等部分情況下，揭露上述細節是必要的。這類情況範圍狹窄，而且流程接近結束時才會進行，不會在開頭。話是這樣說，例如商業祕密和尚未提出申請的專利等智慧財產，還是要愼重其事，畢竟僅僅是披露就會讓你失去法律權利。有經驗的投資人會理解你不能揭露這些資訊的理由，不會認爲你在耍花招。

尼采說他偏愛光明磊落又誠實的人。如果他們正從事的專案既深刻又重要，那麼光明磊落不會「洩底」。對他來說，這個道理在關係、價値或是創意專案中大抵都成立。應用在商業，意思是就是能顛覆現狀的點子，只要有真材實料，不必用隱密其事的方式來保護它。

關於誤導別人的代價，更多討論請見〈信任〉。關於光明磊落不可避免的缺點，更多討論請見〈模仿者〉。關於尋找好的商業點子，更多討論請見〈壓勝〉〈做顯而易見的事〉和〈偏離常道〉。

紅得發燙

這麼冷，這麼冰，有人一碰他竟然就點燃了手指！每一隻跟他相握過的手都縮回去了！——正因如此，許多人還以為他紅得發燙。

換句話說：跟他互動讓人不快，所以人人怕他。這讓其他人以為他一定很不簡單。

遇到名人或顯要人士，大多數人都會覺得深受吸引。別的不提，人們會好奇他們是怎麼達到目前的地位，又是怎樣的一個人？通常會投以敬重的目光，如能跟他們會面或共事，便感到榮幸。敬畏甚至崇拜他們是有點極端，但可能也有這樣的情形。

跟知名人物開會，或考慮跟他們一起從事專案的時候，要保持理性。從好的一面來說，這類人大概不是因爲平庸無趣而獲得今天的地位，多半做過一些有價值或重要的事情，所以你應該能在他們身上發掘一些有用的知識。即使知識方面落空，他們鐵定有些經驗可資學習。跟這樣的人共事能爲你開啓門路。此外，不認識你的人對你自然會有疑慮，這樣的疑慮也將因你跟知名人物共事而緩和。

不過負面的因素也是有的。身處高位的人可能不擇手段才爬到那個位子，可能只把其他人當成達成目標的手段。他們或許太忙碌、要回應太多需索，以至於給不了你多少價值；他們可能不好相處；他們的成功說不定首推運氣，而他們自己也許沒察覺這一點。地位或許也讓他們自大或難以忍受。

對許多創業者來說，這種情況常發生在跟投資人會晤的時候。投資人要嘛賺了很多錢，要嘛有門路拿到一大筆錢。他們通常很有名，至少在創業圈和科技圈是如此。這些人多半讓人佩服、值得認識，而且品德高尚，但也不乏爛人、智識淺薄，甚至會搞小動作的傢伙。光看別人怎麼談論或回應他們是沒辦法分辨的，畢竟人們常常把名氣和取得資本的門路、價值混為一談。

對於上述這類和其他名聲「紅得發燙」的人，請自行下判斷。考量你信任的人，以及也熟知此人者的意見，至於江湖言論和媒體塑造的形象，忽略即可。以敬重的態度對待這樣的人，只要不突兀，或許多一分尊敬也好，但不要預設你會想跟他們一起從事某個專案，也不要以為他們對你或你的事業絕對是天上掉下來的大禮。

關於獨立判斷「紅得發燙」的人究竟如何，更多討論請見〈找到你的方向〉和〈怪物〉。

如果聲明顯赫的創投不相信我，我憑什麼相信自己？

崔西·勞倫斯（Tracy Lawrence）/ 團體訂餐服務公司 Chewse 執行長和共同創辦人

當時我正在為我的新創公司 Chewse 募資，離破產只剩 60 天。我正處在前途未卜的融資流程裡，開始害怕最糟的情況。

在恐懼中，有人介紹一位投資人給我。同儕創業者中也有一個人崇拜這位投資人，後者是一家知名且備受敬重的公司首席合夥人，而且我先前跟該公司其他合夥人之一有過幾次正面互動。

由於他們必須了解我們公司，我遂有機會跟該公司其他合夥人談話。我們推心置腹地討論了我身為女性創業者要經歷的重重考驗，他脫口表達能同理我的處境，也支持我。一家如此知名的公司竟然甘願展露脆弱的一面，簡直把我弄糊塗了。

經過多次通話討論商業模型，討論參考客戶，我們訂了一個日期讓首席合夥人來看看辦公室和團隊。這通常會是拿到投資的好兆頭。

拜訪那天早上，他打給我告知一些消息。

「我跟你們的顧客談過了，他們說 Chewse 是他們工作上用過最棒的服務。你們的成長貨真價實，市場也很大。」

我屏息等待後半句。

「但是，我們對團隊沒有足夠的信心，可惜了。這是個嚴峻的產業，勢必會有許多髒活要幹，我們不認為妳能應付血流成河的場面。我們不會投資貴公司。」

那通讓人心碎的電話另一端，我人在舊金山的小工作室裡，感覺自己前所未有的卑微。這等聲譽崇高的投資人告訴我，他對我沒信心，這讓我整個人分崩離析。

我謝過他花在此事的時間，掛斷電話，哭了整整半天。我必須面對幾個大哉問：

「為什麼他會認為我沒有能力在賤招百出的產業裡勝出？」

「因為我是女人？」

「是我人太好？」

「如果聲名顯赫的創投不相信我，我憑什麼相信自己？」

「幹，我到底在矽谷做什麼？」

次日，我想通了。他說的沒錯。

我沒有想看到血流成河的場面。我一點都不像男性同業，我想看到的是愛——而且恰恰是因為我們專注於此，才讓顧客也愛上我們。這也是我們吸引到非凡人才、餐廳夥伴和投資人的原因。

模仿者

甲：「什麼？你不想要有人模仿你？」乙：「我不想要有人跟著我做任何事。我想要每個人為以後的自己做點什麼（當他自己的榜樣）——就像我這樣。」甲：「所以——？」

換句話說：甲：你不想要別人抄襲你的作品？乙：我只是不想要有人跟著我。我想要他們開創自己的道路，就像我這樣。甲：所以你的論點是什麼？

創業者是產品和公司的創作者。按尼采本來的意思，這段文字是用在藝術創作者身上，像是作曲家、畫家和詩人，但套在創業者身上也合適。

在商場和創業之路上，如何行事才合乎倫理，有許多觀點存在。知名企業家羅伯特．林格（Robert Ringer）在《尋找第一名》（*Looking Out for #1*）裡稱之爲「畫線遊戲」。世人爲了許多不同的理由開公司，有些人想賺錢，有些人想把世界變得更好，有些人想要權力和名聲，有些人想要創造新事物，有些人就只是沒辦法爲別人工作。

這些差別可能會導致碰壁或困惑，對人或對公司都一樣。如果你生性善於創作，或許不能理解爲什麼會有人想抄襲你的作品。如果你開公司是爲了錢，或許只會在乎抄襲能否抄得合法，或是只關心罰則會讓你冒多大的風險。

競爭者會在細微末節處抄你，也會明目張膽地抄你。他們可能會抄襲你的產品或產品的功能，僱用你的員工或前員工來學你的行銷招術，連描述公司和產品的措辭可能都跟你雷同。在熱錢橫流的市場，抄得快的公司自己也會被後進者抄。許多人認爲這是合情合理的商業策略，反正市場最大，就讓市場來決定。你認爲每個人都應該是原創作者？那又怎樣？不是每個人看事情的方式都跟你一樣。

別期待別人跟你有一樣的價值觀、跟你奉行一樣的倫理，別期待他們做這行的理由會跟你一樣。如果他們當眞奉行自己的價值，很可能還以你爲代價，這時你可別大驚小怪。如今的文化環境如同回聲室，人們越來越難察覺這類差異，但如果你想保有自己的觀點，那這份敏銳還是很重要。

關於倫理標準是如何的多種多樣，更多討論請見〈怪物〉〈信任〉和〈後果〉。

只要你處於市場的領導地位，勢必會有競爭對手和抄襲者冒出來

朱德・瓦列斯基 / GNIP 共同創辦人和執行長

GNIP 是同類產品中第一個切入市場的，而且直到 2014 年被推特併購為止，我們一直是市場的領頭羊。當第一又領導市場好像是每家公司夢寐以求的事情，但也是艱鉅的挑戰。商機夠大的話，市場上一定會有競爭者緊咬不放，三不五時還會咬你一口。

不論對內或對外，我們都強調公司的營運要合乎倫理。偶爾我們會公開招惹競爭者，但一定秉持友善的態度，畢竟要較量的是誰能打造最佳產品，交付給我們的顧客，而不是對有人來競爭一事嘀嘀咕咕。我在這方面很天真，天真讓我自我感覺高尚無瑕。對我來說，打造一樣事物，恐怕沒有別的條件比親力親為更重要，所以當我發現競爭者中出現下文要談的兩種模式時，還真是吃了一驚。

模式一：在 LinkedIn 鬧場

隨著 GNIP 成長，我們注意到競爭對手頻頻出現在我們跟潛在顧客的對話中。競爭本來就會越演越烈、越來越切身，所以我把這樣的情況視為教訓。然而幾位同事有不同的看法——他們發現我的 LinkedIn 人脈全都設為公開，人人都能查閱，他們要我設成不公開。同事的說法是，競爭者在利用我的人脈作怪，按圖索驥推展他們的生意。

我成為 LinkedIn 的會員很久了，早在機器人接管社交圖

譜之前，而且認真看待他們的初期訴求「只跟你真的認識的人建立聯繫」，我一直秉持那樣的精神。在 GNIP 期間，我持續在 LinkedIn 上跟潛在的合作夥伴和顧客建立公開人脈。於是，我把同事的話當耳邊風，把他們的擔心當成杞人憂天。我的說法是，就算我是為競爭者開方便之門，他們遲早也會找上那些潛在合作夥伴和客戶。

競爭持續升高，同事對於我的人脈應設為不公開也越來越關切，我終於讓步。一設為不公開，事情就很明顯了。競爭者根據 LinkedIn 的「餅乾屑」足跡，我們前腳剛走，他們後腳就跟進。我無法相信會有人這麼卑鄙，利用我的人脈而不自己建立人脈。

那一刻我成長了一些。我更厭膩這些事情，但行事也更謹慎。我才明白競爭者不但對我們的商業點子亦步亦趨，對於我們努力的果實，他們也不羞於偷摘。儘管手段在我眼裡很沒品，不管怎麼說都缺乏格調，但他們就是會這樣做。

模式二：竊取內容

競爭者實質上已經輸掉這場戰爭很久之後，還像活屍一樣步履蹣跚地跟在我們後頭。我們發現他們開始在提案和素材中，使用我們創作的行銷語彙和話術。隨著時間過去，這類抄襲越來越頻繁，幾近一字不差。

這一部分在我們的意料之中，而且因為我們辦了業界的年度研討會，競爭者也在受邀之列，所以說是我們有意促成的也不為過。但我們固然有在研討會上提出概括的想法，競爭對手發出的一些訊息和概念仍明顯是剽竊，我們有辦法一一指出來。有些競爭者沒有能力擬定自己的計畫，只是像水蛭一樣地營運著，我也只能接受了。

我挫折感最深的一次，是剩下的主要競爭對手公開播出一支行銷的現場 podcast，討論他們的產品和公司，那一刻的細節我記得清清楚楚。當天我排出空檔返回旅館房間，房間的網路連線可靠，比較平靜安穩，才能專心聽 podcast。我坐在床沿，側耳傾聽。開場後有一段簡短的行銷鋪陳，接著是向競爭對手提問。我聽了幾句才聽出來，他竟然逐字逐句複誦我最近在研討會講的一段話。我又聽了幾分鐘，確認我沒聽錯，就蓋上了筆電。

不論做哪一門生意，只要你處於市場上的領導地位，勢必會有競爭對手和抄襲者冒出來。為了競爭，他們把腰桿折斷都在所不惜。千萬別低估這一點。

退一步

必須分開的時刻。——你必須跟你想要了解與測量的事物分開，至少一陣子。離開城市，你才會看到那些塔樓比平房高出多少。

換句話說：什麼時候應該離開：你必須偶爾離開想了解和測量的事物。不離開城市，你就看不到摩天大樓聳立在離平房多高的地方。

尼采經常強調「觀點」這件事：從不同的觀點看去，事物會有所不同。他有時說得更絕，認爲不論觀看什麼事物，世上都不存在淩駕其他觀點的單一觀點。這段引言的訊息不難懂：有時候必須從遠處看，才能看出事物有某些特別重要的面向。我們稱之爲「退一步」。

在創業之路上，有很多方式可以退這一步，我們先討論這個主題：如何改善你的事業，但不在公司裡從事。意思是把這門生意當成完整的系統，忽略每一天流經系統的大小事。你或許會想到你用來找新顧客的方法，或是你的工程部門做事方法所講求的理論。重新考量你的目標市場、評估公司文化或改變組織的結構，這些都是「退一步」。

在大多數新創公司裡，公司的領導團隊每天都在費心救火。撲滅這叢火，別處又開始燒，沒完沒了。人力資源永遠都是問題，這個客戶貌似很有機會，但押了特急件，或者系統小錯頻頻，都需要撥人處理。這些緊急狀況該不該占掉你工作的大部分內容。取決於公司規模，即使占掉大部分或許也不無道理，但絕對不該是你工作的全部內容，否則公司永遠沒有改善的一天。在這樣的情況下成長，公司做法的不當之處終究會暴露出來，往往猝不及防。大部分創業者都發現，如果沒有某種程度上地刻意爲之、定期投入心力，他們很難從上述日常壓力中抽身。

有些公司做到抽身的辦法是，爲創辦人或管理團隊舉辦「退修」。這類活動絕對不必辦得鋪張浪費，只需要去辦公室以外的地方，讓外界不至於太容易接觸或打攪參加者就行了。別家公司的會議室，或是公共圖書館的討論室都能發揮良好的效果。資金無虞的情況下，過夜伴隨團隊營造活動可能會帶來一些助益。退修還有別的好處，像是換個情境讓領導團隊的成員交誼，還有迫使其餘職員不找管理階層，靠自己解決問題。在這樣的模式下，「跟你想要了解與測量的事物分開」可說是字字屬實了。

跟顧客、供應商或合作夥伴會面，是另一種退一步的辦法，可以藉此獲得新觀點。請他們說明對貴公司的想法，仔細聽。雖然他們會從當前情況和直接的往來當中舉例，還請鼓勵他們跳脫開來談。他們是你值得信任的同行，所以你想了解他們的觀點。不妨組一個顧客建議委員會，每季請 6、7 個顧客吃午飯，讓他們說明對你的事業的看法。

理論上，對員工也可以如法炮製，偏偏員工跟你、跟同事、跟公司往往糾葛太深，很難直接獲取有用的觀點。他們的工作牽連到你對他們的看法，何況他們關切的事情不見得跟你爲公司設定的目標有關聯。不如化繁爲簡，譬如觀察員工每天早上進辦公室、下午回家時的表情，是否樂在工作中？還是說他們看起來一臉慘澹？

有一種情境有機會提供這類觀點，但通常做不到，那就是董事會的會議。要在董事開會時獲得觀點，要先有真的很優秀的董事會才有可能。參與其中的董事願意事先研究材料，不利用董事開會的時機提倡自己關切的議題或自吹自擂，在一段合理的連續時間內願意專心開會。符合上述所有標準的董事寥寥無幾。情況往往是這樣：你把開會的時間都花在安撫董事上，而不是大家像夥伴一樣退一步，從新觀點檢視這家公司。話是這麼說，董事會每次組成後，還是值得至少嘗試一次從董事那裡獲得觀點，表達你想要董事會以上述方式跟你一起投入。

隨著公司成長，組織上上下下都能受惠於「退一步」的文化。要做到這一點不須退修，通常會跟持續改進有關。舉例來說，貴公司的工程操作方法中，可能會有如下的規定：每次「衝刺」後做簡報，討論流程中哪些做法有效，哪些則否，團隊才能據以調整流程。個別員工也需要自我改進，也就是史蒂芬．柯維（Stephen Covey）所說的「不斷更新」（sharpen the saw）。你可以利用季度或年度檢討，讓員工有機會退一步，從新的觀點審視自己。這類檢討要跟績效獎金評量分開舉行，才會奏效。

從測量的面向考慮如何退一步，就如尼采的提示。大部分商業指標都經過折衷：提供營運成效的洞見，但不創造過量的資料收集或計算的負擔。也就是說，我們只測量容易測量的事情。線上行爲的資料不但豐富，而且唾手可得，不測白不測，但你要定期評估這些指標提供的資訊，到底是有益於你的商業目標，還是害你誤入歧途。此外，不論什麼指標都還有次級效應——你測量什麼，就會得到什麼。指標未能完全跟商業目標接軌，可能意味著指標出現在哪、目標就從哪裡出軌。我們最愛舉的例子是完全根據營業額給組織中的業務員發獎金。由於業務員能控制案子裡影響獲利空間的各項變數，如果獎金完全依營業額而定，結果就是許多成交的案子根本不賺錢。你可以退一步，隔一段安全距離檢視指標，減輕這類適得其反的效應。

最後，這所有日復一日的救火工作，有時會讓你覺得每件事都亂七八糟，而對團隊萌生負面的態度。偶爾從你的事業及其種種細節退開一步，從較長的一段時間回顧篳路藍縷，這個觀點會幫助你「看到那些塔樓比平房高出多少」，進而重燃信心。

關於個體和組織的自我精進，更多討論請見〈超越〉。關於你的事業裡那些重要程序該服從怎樣的節奏，另一則例子請見〈計畫〉。

持續惕勵

最大的危險。——只要生活還一直是辛苦的上坡路，我們很少會折斷腿。當我們開始輕忽怠慢、淨挑好走的路走，危險就來了。

換句話說：只要工作還勤奮專注，我們很少犯大錯。鬆懈、抄捷徑的時候，問題就冒出來了。最大的危險莫過於此。

尼采曾花了好一段時間，在瑞士的西爾斯瑪利亞（Sils Maria）周邊和其他群山環抱的地點健行，最愛以山嶺和登山打比喻。這裡表達的論點在登山者之間確實是一條經驗法則：受傷多是完成技術吃重的登頂後，發生在比較輕鬆的下坡路。尼采將這條指南用於一般生活，但套在商業上也合適。

剛投入創業時，你深知只要不是太離譜的機會都該把握，還要提防各種威脅。威脅的樣貌不一而足：顧客重整、競爭者獲得投資、員工騷擾員工，或是還沒找出來的產品缺陷。不論是哪一種，要是在你毫不知情的狀況下發生，你都無法承受。機會時時在變，有些機會需要一番策略轉進才能實現。應用尼采這段老生常談，不是叫你戴上眼罩，埋首原先的路線；而是恰好相反，這段話說的不是維持原方向，而是持續惕勵。一嘗到成功的甜頭，就想放開步伐，滑行下坡，似乎是人之常情，畢竟密集投入心力之後，休息不但有其道理，也比夙夜匪懈更能持久。你想放鬆，可惜，世界不在乎，它變幻無常，自行其是，不論你有沒有把注意力放在它身上都一樣。以下是一些可能會發生的情節：

你想賣一個客戶，已經用了1年的功夫，終於，在那場關鍵的會議裡，執行長說：『好，我們往下走吧。』你等著訂單進來，注意力則迅速轉向其他機會。1個月過去，你才得知執行長下台了。

你的工程團隊最近4次更版都如期交付，而且沒出什麼大問題。為了讓他們好好放假，你把下一次系統更新排在感恩節前的星期五。『莫非』發威，你的服務在黑色星期五和網路星期一*都不穩定，使你損失大量客戶。

3年後，你終於找到跟產品契合的市場，銷售一飛沖天。管理團隊分身乏術，趕成交、滿足客戶需求，還要維持員工的衝勁，人人忙得不可開交，似乎沒時間辦退修，你也不認為有那麼要緊，於是你連續兩次取消領導團隊的退修。各部門承擔的密集壓力加上欠缺溝通與交誼，導致團隊間含蓄傷人、互扯後腿。

這些假想情境乍聽或許像是運氣不佳，不然就是爲最壞的情況做打算，其實都是商業的精髓所在。從事商業行爲無非是要促成事情發生，尤其任由人、事、物自行其是，它們就什麼都不會改變的情況下，更需要有人從頭看顧到尾，然

---

* 編按：是美國感恩節假期後的一項常年促銷項目，通常是零售業將營業額從赤字轉變為黑字的時間，商家降價促銷，尤其是網路商家。該節日又稱為一年之中線上購物快速銷售的日子。

後繼續追究：他們是不是眞的完結了，還是才剛完成一道里程碑，終點還遠呢。除非你通盤思考過，確定捷徑能讓你抵達目的地，否則不該抄捷徑。科羅拉多的一個警長曾說：「要是『國會山頂峰』** 有一條安全的捷徑，那就是標準路線。」

安迪．葛洛夫（Andy Grove）曾在《10倍速時代》（*Only the Paranoid Survive*）裡描述這如何成爲考量策略時的一個層次，又要如何反制。如果你遲遲沒察覺你的生意和產業的「策略轉折點」或「顚覆性變革」，說不定就會關門大吉，而且這種事情發生的時間點可能會早得讓你意外。

事情再怎麼順利，仍不要假定樣樣都安好。永遠睜大眼睛，尋找可能會出岔子的事情。訓練你的組織如此思考，讓居安思危成爲文化的一部分。攸關事業的議題或領域，要夙夜匪懈地跟進。

上述作風可能會導致倦怠，這種風險值得提防。另一種風險是變得對成功不屑一顧，從不慶祝。兩者並非魚與熊掌，也不是勢不可免的結果：你大可慶祝成功，但不視之爲理所當然。登上新高可以同時勾勒下一個境界；取得好的結果，就接著討論如何複製，甚或倍增。就讓你的公司用這樣的方式慶祝，新高地，新高度，別當成止步休息的地方，而是望向攀登下一階段的立足點。

察覺即將來襲的變革，更多討論請見〈兩類領導人〉和〈預見未來〉。關於漫漫長路上如何持續投入，更多討論請見〈堅持〉〈顚覆的耐性〉和〈執著〉。

** 編按：科羅拉多州第 32 高山，岩石鬆散，地勢陡峭，擁有被公認為難以攀登的刀刃山脊。

清理

建造者的道德。——房子建成後，我們必須移除鷹架。

換句話說：建造過程中，有時需要搭建暫時的結構，施工比較容易。建造完成後，請將這些結構移除。

大型專案幾乎都需要暫時的基礎設施。基礎設施不屬於成品的一部分，有些外在於產品，就如同鷹架，如同道路專案中的水泥路障；有些是品質較差的組件，用來爲成品預留位置，譬如爲了進入施工中的房屋而設置的臨時階梯。兩種臨時的基礎設施，都可以想成「鷹架」。

你的新創公司有許多鷹架，但往往沒有正式的專案完成日期，也就沒有必須撤除鷹架的一天。

遇到眾所周知的里程碑，例如首次機構融資輪之前，有幾類法律和財務問題通常會先解決掉，到了公司公開上市的時候又有另一些要處理。然而在這些時機點上，你還是會安裝新的鷹架。許多科技產品持續增加、修補並移除臨時的措施。

在新創公司裡，你會一邊營運，一邊增設和移除鷹架。

說來容易做來難。

從明天的觀點來看，你今日做事的方式只是權宜之計，問題是今天的你恐怕想不到這一層。就連一開始以爲是暫時的事情，也會習慣成自然，於是很難知道什麼時候才是替換的好時機。

不假思索的做法，就是等到問題自己浮現。然而被動應對可能不利於成長，讓你老是在奔走救火，永無寧日。

接下來，我們會描述幾種常見的鷹架類型，都是早期階段的新創公司會有、而且早晚要清理的，讓你知道有哪些項目要特別留心，也會對該檢查其他哪些地方有點概念。

切勿把鷹架本身視爲某種錯誤。

畢竟你曾經需要鷹架才能讓事業繼續發展下去，那它在當時就是必要的，只是終究有撤除的時候。

- **跟創辦人、家族和朋友的生意往來：**業主借錢給公司、個人爲公司借款作保、租賃辦公空間或提供其他服務，尤其常見於白手起家，或起初是家庭或生活風格事業的新創。找家人和朋友當供應商的情況也很普遍。最低限度，你應該詳實記錄這些安排；要改善的話，應該制定往來條件和程序（尤其是評估供應商換新的流程），以避免利益衝突。在成長飛快的新創公司，你可能會想完全汰換這些安排，當然，要視細節而定。

- **口頭約定：**只要是跟投資人、員工、供應商或顧客之間，沒有記錄下來的默契或強烈的期待，都有必要白紙黑字記錄下來，或是撤銷。

- **已成累贅的創辦人和早期員工：**有些人曾經幫助事業從無到有，但已不再有助於向前邁進。這樣的人，你要以敬重和感恩待之，但也要尋求汰換他們的方法，因爲留著他們太久的話，對文化的負面影響不容小覷。來一場掏心掏肺的對話，幫他們找到新的事忙，讓他們的股票

早些生效 *，或給他們超過其法定權利的股票選擇權。

- **過度依賴創辦人：**相反的情況也很常見。新創公司往往過度依賴創辦人，不論是他們的人格特質還是知識。這一點就包括你——對，就是你！這種依賴一開始在所難免，公司早期的成長和文化發展也奠基於此，但遲早風險會變得太大、危害太深。想走得長久的公司和組織勢必要靠許許多多的個體支撐，但大部分時候還是不要太倚重單單一個人比較好，不論是誰都一樣。可是當領導者魅力非凡，造成個人崇拜的時候，也只好破例了。姑且不論你是不是這種領導者，太依賴創辦人的公司想脫手，恐怕會困難重重。慢慢來，打造管理、銷售和技術團隊，要是你或其他創辦人出了什麼事，還有各團隊能挑大梁。

- **搖搖欲墜的財務系統：**大多數新創公司起初都用某一套會計軟體，隨後開始添加手動流程、試算表和林林總總的資料庫，以製作財務和管理報表和費用。雖然推行完備的會計系統讓人避之惟恐不及，但這段時期通常還是花了太多時間。等到僱用財務長來改正這一切，大概就拖太久了。

- **技術債：**如果你拿出來賣的產品或服務跟科技有關，免不了有技術債，這種做法能應急，但不完全可靠、不盡然能擴充、不是徹底安全，或者不容易維護。負責技術的員

---

* 譯註：原文為 give them some extra vesting on their stock，指的是新創公司常見的認股辦法，即員工加入新創時分得股票的選擇權，但會從到職日起算，按在職時間生效。作者這裡的意思是增加創辦人或早期員工的股票生效的比例，使得他們能提早領完股票，交換他們走人。

工多半會一直苦口婆心地提醒你「還債」，只是你聽久了會容易麻木。要是你的產品經理奉敏捷開發爲天條，認爲今天的客戶遇到的麻煩永遠優先於未來，那情況會格外嚴重。現在與未來的權衡，是你必須持續評估的課題。

關於如何避免老是到處滅火，更多討論請見〈退一步〉。關於如何大刀闊斧做改變，有個想法請見〈整合者〉。

總結｜創業的道德

讀到這裡，你知道本書認真要談的不是尼采，而是你和你的事業。

尼采推崇深入思考、自我超越、創造力和鼓舞人心。我們企圖運用他不凡的觀點和機敏的措詞，多少傳達上述德性。

希望本書有促使你思考。創業這檔事活潑多變，往往到了偏執顛狂的地步。即使如此，一段時間就退一步，從各式各樣的觀點深入思考你正在做什麼，仍有許多益處。這樣做有助於解決看似難對付的問題，留意到先前未顯露出來的機會或風險，確保你走在正確的道路上。所謂正確，是對你或你的事業而言，或是兩者兼然。

希望本書有助於你學習與成長。創業是位苛刻的師傅，常讓你東奔西忙卻一無所獲。你必須持續成長、不斷精進才能成功，然而創業這項職務所提供的學習機會非但不講求循序漸進，還得吃不少苦頭。本書提供一些實事求是的觀念，讓你加進錦囊，不過總括的想法就是把自己的發展和成長當成差事的一部分，這部分攸關你自己和公司能否成功。此想法終身受用。

最後，希望本書鼓舞了你。創業維艱，一路走來，大多數時候是寂寞。你做的事情重要、困難、有價值，而且稀罕：面對挑戰的時候，要把這句話放在心上，不時提醒自己。這會對你有幫助的。世上能追尋的實事裡，少有比創業更讓人滿足的了。

附錄一｜尼采的生平和遺產

弗里德里希·尼采（Friedrich Nietzsche）生於 1844 年 10 月 15 日，在德國萊比錫郊外一個叫洛肯（Röcken）的小村莊。他的父親卡爾是路德派牧師，卡爾的父親也是牧師兼新教的學者。他的母親弗蘭西絲卡也是牧師的孩子，17 歲嫁給卡爾，一年後生下尼采，1846 年生伊莉莎白，1848 年生路德維希。

1849 年，尼采才 4 歲，他的父親病倒，沒幾個月就因「腦疾」離世。數月後，他的弟弟路德維希也過世。這家人失去牧師的收入和教會配給的房子，搬到西邊約 24 公里外的瑙姆堡。隨後組成的這一家裡有 6 個人，尼采的母親、奶奶及其 2 個姑姑，還有尼采自己的妹妹——尼采是唯一的男性。在洛肯那個小地方，村人都知道尼采一家，還懷有敬意，但在瑙姆堡，人們是不怎麼跟這家人來往的。

尼采的家人叫他「弗里茨」（Fritz），弗里茨早熟、羞赧，體弱多病。才 12 歲的他不時會頭痛，眼睛也有宿疾。童年到剛進青春期這段時間裡，他還是交到 2 個終身往來的朋友，古斯塔夫·庫魯格（Gustav Krug）和威廉·聘德（Wilhelm Pinder）。這兩個朋友的家人把嚴謹的文學和音樂介紹給尼采，尼采也開始自己譜曲和作詩。在學校裡，尼采學習希臘文和拉丁文，開始閱讀古典作品和德國大家如歌德（Johann

Wolfgang von Goethe）的作品。

14 歲，尼采進入普夫達中學（Schulpforta），離他家 5、6 公里遠，是一所頗負盛名的新教寄宿學校。他先前的成績平平，卻拿全額獎學金，靠的是過世牧師的兒子這個身分。儘管如此，尼采在普夫達表現出色，多學會希伯來文和法文兩門語言，接觸到赫德林（Friedrich Hölderlin）的詩和華格納（Richard Wagner）的音樂。他也讀了大衛·斯特勞斯（David Strauss）的《耶穌傳》（*Life of Jesus, Critically Examined*），這本書讓尼采踏上放棄基督教信仰的歷程。

尼采在普夫達的表現，讓他得以進入波恩大學就讀，這時是 1864 年，他 19 歲。他開始把重心放在神學和語文學（研究古典文獻），打算當個牧師。他加入了名為 Franconia 的兄弟會，繼續閱讀懷疑基督宗教的著作，一學期後，他完全失去了信仰。他的母親和妹妹都很虔誠，所以後來他們的關係相當不容易，長年如此。

在波恩待了 1 年，尼采隨他最喜愛的教授里奇爾（Friedrich Ritschl）去萊比錫大學攻讀語文學，並在該校發表頭幾篇專論，探討前蘇格拉底的希臘哲學家和亞里斯多德。在萊比錫的第一年，他發現叔本華（Arthur Schopenhauer）的著作。叔本華是一個無神論者，繼受康德的學說，著重美學和音樂，而尼采一頭栽進他的哲學裡。日後尼采不同意叔本華之處甚多，但後者對他的思想——和他的人際關係——仍有深遠的影響。在萊比錫的第二年，他讀了朗格（Friedrich Lange）的《唯物論的歷史》（*History of Materialism*），並從這本書得知達爾文（Charles Darwin）的演化論。

1867 年，他簽了 1 年的兵役，本來前途看好，但 6 個月後他在馬背上受傷，釀成細菌感染和其他併發症。跟這些疾病搏鬥的結果是，在頭痛和眼痛的折磨之外，消化問題也將困擾他一輩子。服役和療養期間，他住在瑙姆堡的家中，得以認眞閱讀和寫作。他短暫回到萊比錫完成學業，即相當於美國的大學學位。

任巴塞爾大學教授，1869 年

最年輕的古典學教授

1868 年發生了兩件事，是關鍵的轉折。首先，他認識了作曲家華格納並成爲朋友。這位父親般的角色，也是他接下來 10 年的美學泉源。尼采和華格納都對叔本華感興趣，尼采還深入參與華格納的藝術理論，這套理論是作曲家持續創作《尼伯龍根的指環》（*Der Ring des Nibelungen*）系列歌劇時的指引。其次，里奇爾教授等人向巴塞爾大學推薦尼采加入該校的語文學講席，該校提出邀請，尼采也接受了。尼采 24 歲時成爲歷來最年輕的古典學教授，甚至連博士論文都還沒完成。

爲接受這一職位，他放棄了普魯士的公民身分，終其一生在法律上是無國籍的狀態。尼采教授孜孜矻矻地從事教學和研究，僅僅 1 年後就拿到終身職，升爲正教授。儘管如此，他對古典學領域的研究方法和人情世故越來越感到幻滅。1870 年，他雖然沒有公民身分，還是在普法戰爭中擔任醫護兵，結果染上白喉和痢疾，健康更加惡化。這段時間裡，他一有機會就拜訪華格納，跟華格納的夫人柯西瑪（李斯特〔Franz Liszt〕的女兒）發展出一段親密的關係。

《悲劇的誕生》（*Die Geburt der Tragödie aus dem Geiste der Musik*）是尼采的第一本書，出版於 1872 年初，書不賣，評論也不欣賞。這本書表面上是談古典希臘悲劇，但著重於文化和哲學，反映出尼采厭惡德國和普魯士政治與文化發展方向，展現他在一個停滯枯燥領域的創造衝勁。華格納對藝術和音樂的觀點明顯貫穿全書，然而多年後，他在為該書新版寫的序文裡部分否認這一點。無論如何，本書導入的日神／酒神區分等要素對 20 世紀藝術和文化都有客觀的影響。

他的第二本書《不合時宜的沉思》（*Unzeitgemässe Betrachtungen*）分批出版於 1872 年到 1876 年之間，涵蓋許多主題，他在智識上從語文學朝哲學和文化議題的轉向，也鞏固了下來。叔本華和華格納的影響仍強。後者搬去拜律特（Bayreuth），開辦聞名遐邇的音樂節（至今有舉行），大肆曝光《尼伯龍根的指環》和他的其他作品。華格納遷往拜律特後，

在巴塞爾大學從事教職的時期即將結束，1875 年

他和尼采的交情大不如前，但還是維持了幾年。

尼采的健康和視力持續衰退，他會病發一連數日，喪失部分視力、發燒、上吐下瀉，巴塞爾大學的教職只好頻頻告假，終於在 1879 年領了一筆退休金離職。他因視力太差，戴起墨鏡，往往需要口述再由朋友或助理代爲筆記，才能寫書。

多產也多病

從 1878 年到 1883 年，人們說是尼采的中期，他出版了 4 本書：《人性，太人性的》《朝霞》（*Morgenröthe*）、《快樂的科學》（*Die fröhliche Wissenschaft*）和《查拉圖斯特拉如是說》。前 3 本以格言爲主，章節短則單行，長則數頁，首度把他的諸多哲學觀念介紹給讀者。不過《查拉圖斯特拉如是說》截然不同。它是虛構著作，有散文詩的元素、神話般的場景、緻密的影射，其主題類似《尼伯龍根的指環》。對於虛無主義的幽靈，尼采建議我們以藝術回應之；就這個主題而言，《查拉圖斯特拉如是說》正是他的獻禮，書中闡述了這條原則。

正値多產的「中期」，1882 年

尼采既然從大學辭去教職，便開始了一段堪稱遊牧的生活，剩下多產的幾個年頭裡，他都將這樣過日子。夏天人在瑞士的西爾斯瑪利亞，冬天待在義大利的幾個地方，偶爾回瑙姆堡陪家人。1882 年，經朋友雷（Paul Rée）介紹，他在羅馬遇見莎樂美（Lou Andreas-Salomé）。莎樂美年輕、聰穎、美麗又叛逆，尼采墜入愛河，向莎樂美求婚。

不幸，她的構想是與尼采和雷組成因才智結成公社與愛情的 3 人行，但這不適合尼采。他的母親和妹妹不在乎莎樂美和她不受約束的思想，無所不用其極地破壞這段關係，最後莎樂美和雷跟尼采分道揚鑣。這段時間尼采孤單極了：他同時失去親密朋友和曖昧對象，跟家人形同陌路，不久又得知華格納的死訊。就在這樣的情緒境況下，他提筆撰寫《查拉圖斯特拉如是說》。

此時，尼采進入另一個階段，他的健康每況越下，產出卻越來越緊湊。朋友常常幫他，唸書給他聽，還爲他謄寫手稿。他精修了先前幾本書，1886 年出版《善惡的彼岸》*（Jenseits von Gut und Böse）*，繼而是 1887 年的《論道德的系譜》*（Zur Genealogie der Moral）*。1886 到 1887 年間，他開始一個叫「權力意志（Wille zur Macht）」的專案，但還只是紊亂的筆記堆時就擱置了。1888 年，他出版 5 本比較短的書，最後一本是自傳《瞧，這個人》。

1889 年 1 月 3 日，尼采的心智徹底崩潰，此生再也沒有恢復清明。起初是母親照顧他，後來由妹妹接手。書信和《瞧，這個人》都能佐證他的心智健康在 1888 年底就益發不穩定，熟識的人認爲更早以前就開始惡化了。至於病因，則從未有確切的診斷。世人一度認爲是梅毒所致，不過也可能是遺傳自父親、對抗其他健康問題所服的藥所導致，或是顯示了腦部腫瘤的存在。心理受苦的同時，尼采生理層面的健康問題大大緩解，大概沒有同時受苦，這是不幸中的小確幸吧。他就在這樣的狀態下又活了 10 年，名聲越來越響，自己卻渾然不覺，死於 1900 年 8 月 25 日，享年 55 歲。

尼采的妹妹伊莉莎白，現在是伊莉莎白・福斯特一尼采（Elisabeth Förster-Nietzsche）是他的繼承人，在他生命的最後幾年和死後，也是其作品的策展人。伊莉莎白的一生自有其引人入勝之處，雖然此處不細講，我們的觀察是：心智的不穩定有許多可能的形式。尼采的筆記有些潦草不堪，她將之拼組成書，加以編輯，名爲《權力意志》，於 1906 年出版完整版。人們一般不認爲該書是尼采的重要著作，肯定也不是伊莉莎白吹捧的那種扛鼎之作。

伊莉莎白・福斯特 - 尼采

無遠弗屆的思想傳播

尼采心智崩潰前沒有賣出幾本書，數量興許不多於 5000 本。他跟出版商終於分道揚鑣，不得不動用微薄的儲蓄和退休金，後來寫的書才得以付梓。1888 年，一位重要的歐洲評論家格奧爾格．布蘭德斯（Georg Brandes）做了一系列演講，改變了一切。布蘭德斯稱尼采的哲學是「貴族的基進主義」，介紹這位重要的思想家給世人。尼采察覺到風向的轉變，寫信給布蘭德斯稱許這個術語，可惜他的心智能力未能撐過來，沒能見證生命最後 10 年裡，世人終於發覺自己的存在，名聲和影響力迅速增長。

右圖嘗試繪出某種系譜，捕捉在智識上影響尼采的前人和受其影響的繼受者。尼采不僅僅拿前人提出的觀念來發揮、修補其不足，再傳給後繼者精煉。他更將嶄新的想法綜合起來，造就複雜、多樣且輻散的影響。他的思想跟多種領域有所互動，不限於傳統意義的「哲學」。

要理解圖中思想傳承的細節，必須細究尼采的思想，遠超過本書的範圍。儘管如此，讓我們舉個例子，稍加勾勒此圖如何運作。

「觀點主義」這個觀念，意思是對於任何主題的任何見解，都發自特定的觀點，因此並不存在完全客觀、「無所由來的見解」，這點很關鍵。反之，人們用來組織世界的概念只是「幻象」，有實益但不是眞相。我們秉持這個觀念寫〈找到你的方向〉那章。

對尼采而言，觀點主義一部分是受叔本華影響而產生的。叔本華在康德的作品上有所發揮，也有所修改，而康德的洞見是：對於實在的經驗需要經過組織，而個體心智積極參與其中。

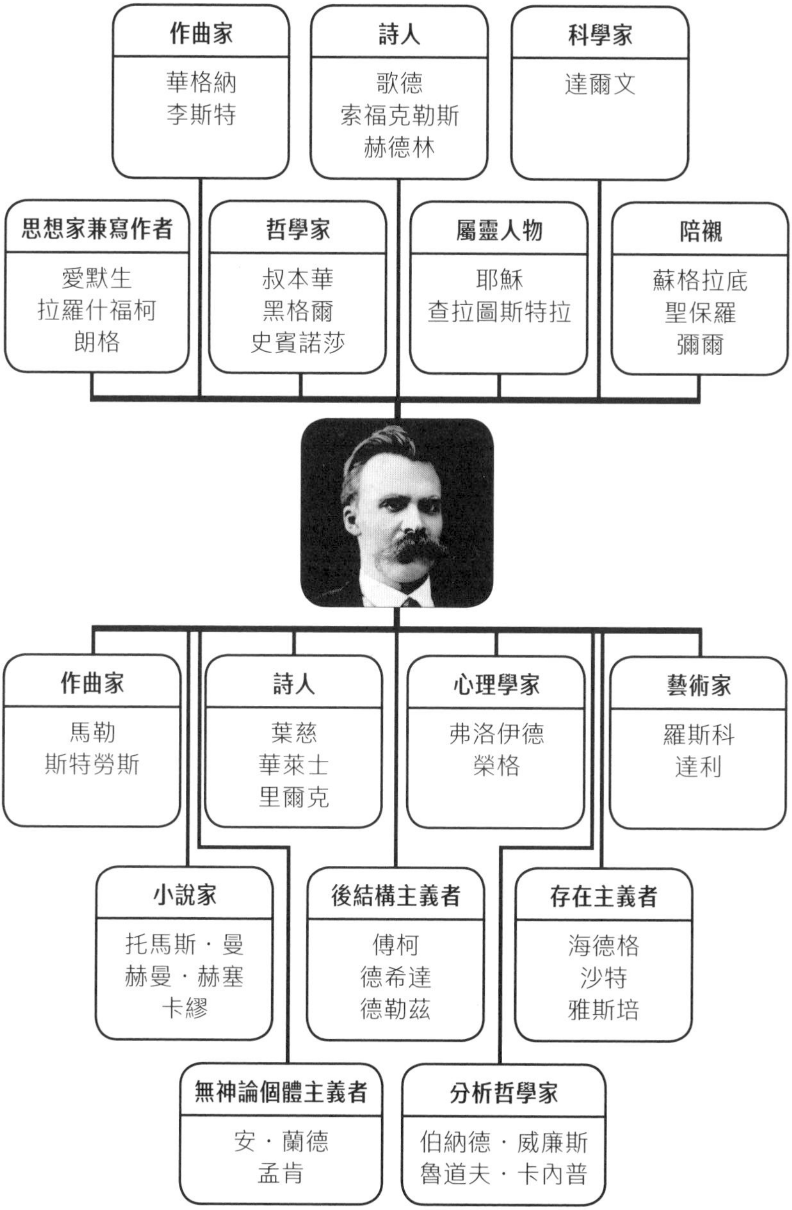

作曲家
華格納
李斯特

詩人
歌德
索福克勒斯
赫德林

科學家
達爾文

思想家兼寫作者
愛默生
拉羅什福柯
朗格

哲學家
叔本華
黑格爾
史賓諾莎

屬靈人物
耶穌
查拉圖斯特拉

陪襯
蘇格拉底
聖保羅
彌爾

作曲家
馬勒
斯特勞斯

詩人
葉慈
華萊士
里爾克

心理學家
弗洛伊德
榮格

藝術家
羅斯科
達利

小說家
托馬斯・曼
赫曼・赫塞
卡繆

後結構主義者
傅柯
德希達
德勒茲

存在主義者
海德格
沙特
雅斯培

無神論個體主義者
安・蘭德
孟肯

分析哲學家
伯納德・威廉斯
魯道夫・卡內普

影響尼采的前人，及受尼采影響的後人

蘇格拉底認為一切實在背後都有共相，而尼采厭惡（柏拉圖筆下的）蘇格拉底，進一步強化了叔本華的想法。達爾文的演化論摒棄自然類（種）是永久且固定的觀念，黑格爾（G. W. F. Hegel）的辯證法則在歷史分析扮演類似的角色。雖然觀點主義跟相對主義有相似之處，但大多數學者都不認為主張觀點主義就意味著相對主義。

如果你熟悉存在主義或後結構主義，你就設想得到觀點主義如何影響那些思想家。海德格（Martin Herdegger）給「人類存有」定性為「此在」，歸根結底就是沿著這些思路的一種觀點。詩人華萊士（Alfred Russel Wallace）的作品是出了名的難詮釋，不過有些評論者主張：華萊士有數首詩直接表達出觀點主義。伯納德．威廉斯（Bernard Williams）仰賴觀點主義，才能同時反駁分析哲學裡固有的道德實在論和簡化的眞相觀念。

你完全不需要知道上述影響的模式，也能讀懂這本書。話雖如此，我們希望在這張圖未來的版本裡，底下會有「創業者」這一類，而你的名字就列在上面。

附錄二｜關於尼采的傳言不能盡信

關於尼采或他的哲學，大多數人都聽或讀過一些讓人不舒服的事情。舉例來說，你或許讀過他跟納粹有牽連，或是說他的「人上人」（有時翻譯成「超人」）概念是在鼓吹優生學。我們寫這篇專文，是爲了緩解你可能會有的疑慮，讀完後，要是哪個你深惡痛絕的人跟尼采裝熟，你多半也不會再憂心忡忡了。你不需要先讀這篇附錄才能讀懂本書，但本文或許能提供實用的背景知識。你也會發現這篇專文的風格比其他篇章更符合學術規範，畢竟文章主旨是闢謠，總要信而有徵才好。[1]

尼采到底有沒有擁護特定的確鑿見解，我們恐怕沒有能力蓋棺論定，自 1890 年代學者開始讀尼采，就爲這些問題辯論至今，部分論點還能多少同意彼此，但整體而言沒什麼共識。我們不是尼采學者，不是專家，無意攪入論戰。我們轉而將目標定在告訴你：關於尼采的哲學，斬釘截鐵的說法都不能輕信，如果跟政治有關就更可疑了。我們也會交代爲什麼。

我們呈上的第一件證據是：被尼采的作品深深撼動的思想家和運動策畫者，就是這麼廣泛。舉例來說，猶太復國主義者

1 我們引用尼采的出典會附上標題、章和節號。不附頁碼是因為我們仰賴公領域的線上及 Kindle 來源，不見得都有頁碼。此外，讀者或許會想選用不同的譯本或版本。本文所引的章句，翻譯來源跟附錄三標示者相同。

赫茨爾（Theodor Herzl）和布伯（Martin Buber）、詩人葉慈（W. B.Yeats）和華萊士、哲學家沙特（Jean-Paul Sarte，政治立場是馬克思主義者）和海德格（根據一些說法，他可能是納粹）、心理學家佛洛伊德和榮格、自由放任主義者兼小說家和哲學家安・蘭德（Ayn Rand）、左翼後結構主義者如德勒茲（Gilles Deleuze）和德希達（Jacques Derrida）、唯靈論者威爾柏（Ken Wilber）。顯然尼采的作品裡有些深刻的東西，不是簡單的政治或倫理觀所能解釋的。他誠然是原創又顛覆成見的思想家。

尼采的寫作風格，使我們無法獲得明確結論。有些人主張尼采其實是詩人，而《查拉圖斯特拉如是說》當然是一種散文詩。他常常語帶譏諷，也就是說，尼采筆下任何一段話，一旦從原本的上下文中截出來，意思說不定就完全顛倒了他的本意。尼采寫作常用譬喻，所指游移，所以不但需要詮釋，還需要知道先前的作品和思想家，才能知道他可能是在指誰（包括《聖經》、索福克勒斯[2]、柏拉圖、莎士比亞、赫德林[3]、叔本華和歌德，都不是平常會聽到的名字，而這只是其中幾個例子）。他用德文寫作，熱愛雙關語，好自做新詞，所以要精確翻譯到其他語言實屬不易。在他的作品中不見得會直白地批判他書中表達觀點的角色。他將早期作品的結構安排成警句與短文的集合，之間的連結和先後都未必有明顯的模式。這些警句鮮少構成完整的論證，哪怕他平鋪直敘講了一段話，有時竟接著一段同樣直白的陳述，但實質上就是「但從另一方面來說」的意思。他的作品說不上高深莫測，但絕大部分語帶曖昧，必

2 Sophocles，古希臘劇作家，古希臘悲劇的代表人物之一。

3 Hölderlin，德國浪漫派詩人。他將古典希臘詩文移植到德語中。

須耗費可觀的心力去解讀。身爲外行讀者，我們發現用尼采的作品來梳理清晰的立場，不如拿來啓發新鮮的思想更有效。

不僅行文風格，上述曖昧與模稜兩可的情況也出現在其他層面。尼采做哲學的方法似乎處處反教條，在《善惡的彼岸》裡，他把這件事交代得滿清楚：

「要是哲學裡各種流於教條的說法，不過是某種高貴的幼稚和獨斷——那種正經八百的氛圍就更不用說了，好像要蓋棺論定似的——我這份期盼是很正經的，而且也有很好的理由⋯⋯。」[4]

尼采沒放過自己。他常說詩人都是騙子，每次爲論戰大肆抨擊，往往隨後就檢討自己的作爲，甚至對自己前面說過的話提出反論。加州大學的希金斯（Kathleen Higgins）教授研究尼采，他主張尼采這樣做是要向我們示範哲學思考是怎麼一回事，或說我們該如何進行哲學思考。[5]他在《善惡的彼岸》稍後又寫道：

「這也是唯一的詮釋了，我保證——而你忙不迭地提出這項反駁？——嗯，那更好。」[6]

如果從尼采的作品中讀出這種反教條的後設哲學還算有道理，那要用他的作品來爲馬克思主義或白人民族主義之類的死板見解背書，不是無知就是指鹿爲馬，或者兩者皆有。

最後，尼采身後留下豐富的遺稿（筆記、新建，還有未完

---

4 《善惡的彼岸》前言。

5 Kathleen Higgins, “Thoughts That Come on Doves' Feet: Philosophy as Experience in the Work of Friedrich Nietzsche” (Franke Lectures in the Humanities, given at Yale University, November 7, 2013). YouTube 上可以找到影片。

6 《善惡的彼岸》第一章，《論哲學家的成見》，第 22 節。

成的手稿）。這些稿件都是尼采 1889 年心智崩潰後，由他的妹妹兼監護人伊莉莎白編輯、整理後出版的，其中最著名的書是《權力意志》。尼采生前出版的作品就夠難解讀了，由他人呼籲看重這些未出版的殘稿，怎麼說都說不過去。加諸某種決定性觀點這種事情，至少該由專攻尼采的學者來進行才對。

上述所有因素加起來，導致人們可從尼采的文本裡挑出中意的一段，忽略上下文，怎麼詮釋幾乎都能說得通。尼采死後 20 多年，國家社會黨在德國崛起，伊莉莎白正是這樣拉近她自己和哥哥的著作跟該黨的關係。她和丈夫伯納德．福斯特（Bernard Förster）是反猶的法西斯要人，經常公開亮相。[7] 福斯特死於 1889 年，尼采死於 1900 年，然而伊莉莎白 1935 年才過世，生前加入了納粹黨。希特勒參加了她的葬禮。研究尼采的學者和譯者考夫曼（Walter Kaufmann）在他 1950 年的書《尼采：哲學家、心理學家、反基督者》（*Nietzsche: Philosopher, Psychologist, Anti-christ*）裡，詳細交代為什麼世人應該把尼采的作品和思想，跟這樁齷齪的事情一碼歸一碼。

走筆至此，我們必須坦承：在本書中，我們對尼采筆下字句的詮釋，有些也犯了同樣的毛病，淨挑合自己意思的段落，把上下文拋諸腦後。我們在導論裡有討論這個毛病，這裡只針對這篇附錄的主旨，簡單提幾句。本書的目標是讓你能以不同的方式思考事業和職涯，而且要想得更起勁。這樣的目標跟上文談及的極端、卑鄙的哲學相比，肯定比較無傷大雅。

關於尼采相信什麼、尼采試圖說什麼，那些一口咬定的

7 "The Search for the German Ideal," *Journal of History* 6 (1994): 485–496

說法，我們大抵都有很好的理由心存懷疑。至此我們已經把想法交代完畢。接下來，對於可能引起特定憂慮的見解，我們會再仔細討論。如前文所述，我們的目標不是提出天衣無縫的主張，而僅僅是要讓讀者看到，人們聲稱尼采抱持如此這般的見解，但我們很有理由加以懷疑。

「尼采是反猶主義者嗎？」

尼采剛展開哲學事業的時候，作曲家華格納不但與他爲友，還多有提攜。當時華格納事業有成，名氣頗大。他也是德國法西斯主義和反猶的早期原型，其中一則證據是他的論文〈音樂中的猶太因素〉（*Jewishness in Music*）。崇拜華格納幾年後，尼采爲了幾項原因跟華格納鬧翻，其中之一是，他不能容忍華格納的看法：

「我在靈魂中告別華格納。我受不了表裡不一。自從華格納返回德國，他一步一步向我鄙視的事物讓步，就連反猶主義也在退讓之列。」[8]

尼采確實屢次批判猶太文化和價値，不過這類批評大多數跟他對基督宗教的批評相仿。要特別補充的是，按他的見解，猶太人是他所謂奴隸道德的始作俑者，不過當時（約 3000 年前）猶太人的確是奴隸，靠這套機制生存下來有其道理。尼采認爲，東施效顰的基督宗教讓這套道德體系被世人廣泛接受，幾乎每個人都被潛移默化，程度多寡而已。他有時也批評猶太人行事畏畏縮縮。這些批評是斷續發生，跟反猶寫手那種死纏

---

8 *Nietzsche Contra Wagner*, "How I Got Rid of Wagner," section 1.

爛打、煽動恐懼的典型文字絲毫沒有相同之處。他在《朝霞》裡寫了一段話，讀者不妨當成典型的例子：

「今天的猶太人在心理上和精神上都可以說是一個巨人；在生活於歐洲的所有居民中，猶太人最少像那些智力較低的人一樣，一遇大不幸就求助於自殺或酒精。每一個猶太人都能在他的父親和祖父的歷史中找到一大堆在可怕困境中做最冷靜思考和堅韌的例子，還有巧妙利用和控制災難與不幸的例子，從中吸取力量；他們隱藏在可憐的投降外表下的勇敢，他們蔑視蔑視者［ spernere se sperni ］的英雄主義，使所有聖徒的美德相形見絀。」[9]

同樣重要的是，尼采沒有單單挑出猶太人來發揮刻板印象。他筆下對文化多有批判，幾乎批評過所有知道的人：基督徒、一般而言的哲學家，還有好幾位哲學家是確有所指；詩人、歐洲人和德國人。《偶像的黃昏》有一部分就是連篇累牘的這種批判。

「尼采崇尚日耳曼民族主義嗎？」

尼采生於普魯士（當時是德意志聯邦的一部分），25 歲在瑞士的巴塞爾獲聘教職。他搬到巴塞爾任職時，放棄了普魯士的公民資格，終其一生在官方紀錄上都是無國籍。他在瑞士、義大利和法國都待過一陣子，偶爾才回德國。他常常標榜自己是波蘭人後裔，這說法有多少屬實飽受爭議。無論如何，假使尼采熱愛德國或黨性強烈，那他愛國或愛黨的方式還真是與眾不同。

9　《朝霞》，第 205 節。

這裡我們提供幾則尼采寫的段落，指出他對政治的興趣平平，也不是德國民族主義的擁促者。如前所述，還請各位讀者將這些摘錄的片段放回文脈裡評估，才能知道我們詮釋得正不正確。話雖如此，我們認為摘錄的文句已經夠明確，足以讓人對相反的論點起疑了。

尼采在自傳裡說：

「許多現代德國人——區區德意志帝國人——處心積慮，恐怕都不會比我更像德國人，——我，最後的反政治德國人。」

他在著作中頻頻提到德國人民，但強調的是他們的文化，包括哲學、宗教、道德、歷史、文學、音樂、語言和教育。對於這些文化，他有褒有貶，持平而論，他批判上述領域的德國人，跟先前的偉大相比，後人退步了。重要的是，他認為德國在地理上和權力上的鞏固是文化衰落的原因，而不是解決之道。他寫道：

「……德國文化不但明顯在衰落，而且有充分的理由衰落。說到底，你的開銷無法超過資產——對個體而言是這樣，對國家也是如此。理性、誠摯、意志和自律以特定的組合構成你的性格，樣樣得來不易。假使你把力氣花在取得權力，在政治大舞台上施展權謀，在經濟，或是在無遠弗屆的商務，或是操弄議事規則，或是軍事利益——如果你揮霍在一個領域，就無從投注在其他地方。文化跟國家是死對頭，千萬不要被騙了。」[10]

他也鑽研德國人的文化心理學，得出的結果實在稱不上好話。舉例來說：

---

10 《偶像的黃昏》，〈德國人失去了什麼〉，第 4 節。

「德國人有能力做大事，但多半會虎頭蛇尾，因為他慣於服從，就像懶得動腦的人那樣凡事聽從。要是他身陷險境，必須獨立行事，再也不能怠惰；要是他發現再也不能像密碼一樣消失在一串數字裡（在這方面，他遠遠不如法國人和英國人），這時他就會展現真實力量，會變得危險、邪惡、深沉，而且大膽……」[11]

這一段也摘自他的自傳：

「我一直無法原諒華格納的是什麼？就是他屈尊於德國人、他變成德國帝國主義者這件事……德國擴張到哪裡，就毀了那裡的文化。」[12]

對於德國帝國主義，尼采似乎是關注文化的負面衝擊，多過政治風浪。他偶爾才會突然撻伐德國政治的實際情況，在這些例子裡面一貫持批判意見。舉例來說，在討論跟他一樣、政治上無家可歸之人的小節裡，有這樣的一段：

「……『德意志』這個詞眼下頗為流行，因而我們沒有資格同民族主義和種族仇恨對話，也不可能對民族的心靈疥癬和血液中毒感到愉悅。……我們這些無家可歸者，亦即『現代人』，按種族和出身實在過於複雜、不純，故而不願跟著德意志人，在種族上自我感覺良好，這會兒德國人就是這樣展示其愛國情操，但具備『歷史感』的人只覺得虛假又沒格調。」[13]

我們選的這兩段文字簡單扼要，一讀就能讓傳言不攻自破，也能大略代表尼采著作裡更深入發揮的內容。伊莉莎白竟

---

11 《朝霞》，第 207 節。

12 《瞧，這個人》，〈我為什麼如此聰明〉，第 5 節。

13 《快樂的科學》，第 377 節。

然有辦法讓納粹黨人相信該黨應該攀附她哥哥的著作，這等狡智讓人又妒又羨。

「尼采啟發白人民族主義嗎？」

近年來，據說美國的白人民族主義者和「另類右翼」重新燃起對尼采的興趣，媒體多有報導。如果你在 Google 搜尋尼采相關的主題，結果中會有好幾篇文章都是這個調性。我們深入考察了這件事，結果很有意思。這些文章十之八九都指向《大西洋》（*The Atlantic*）雜誌上，一篇關於史賓塞（Richard Spencer）的文章。[14] 史賓塞是「另類右翼」的領袖和創始人之一，在我們看來是十分可鄙的一個人。對於史賓塞和尼采的關聯，這些文章要嘛透過新的形式，表現舊的事物，毫無創意，重提納粹德國編造的故事；不然就強調兩人的關聯經不起知識檢驗，總之多半沒有增添額外的事證。

於是我們又細讀前述《大西洋》雜誌上的文章，只有一處引用史賓塞的話是確實提到尼采。史賓塞說：「你可以說是尼采讓我吃了紅藥丸」[15]，該文作者又接著暗示史賓塞讀了《論道德的系譜》才會這樣說。該文又提了其他截然不同的哲學家和作者，林林總總。標題雖然聳動，史賓塞家裡「書櫃」的照片（我們禁不住要想：書本零散的裝飾用書櫃，刊在這裡是要諷刺史賓塞先前不為人所知的博學嗎？）上有 007 的小說和一本蝙蝠俠的書，偏偏就沒有一本尼采。

早先有一篇側寫史賓塞的文章登在《瓊斯媽媽》（*Mother*

14 Graeme Wood, "His Kampf," *The Atlantic*, June 2017.

15 「紅藥丸」的梗來自電影《駭客任務》，指人頓悟世界檯面下的運作方式。

Jones）上[16]，該文指出那段「紅藥丸」經驗多來自閱讀賈德・泰勒（Jared Taylor），此人標榜自己是「白權倡議者」。泰勒確實讓史賓塞對尼采留下「深遠的印象」，主要是因爲後者延誤民主和平等。那篇文章還有一個重點，那就是指出：「史賓塞幾乎沒從尼采的書裡讀到組織國家的討論。」

史賓塞自己的文章甚少，我們找到唯一一次他提到尼采，是一場演講。[17] 史賓塞在演講中把尼采跟哥白尼和馬丁・路德並舉爲「顚覆整個思想學派、制度和社會最基本前提」的範例。

可以，這很公平。尼采確實是顚覆者，他也心儀顚覆者。我們是顚覆者，閱讀本書的讀者就算不是，也有意成爲顚覆者。這跟一個人顚覆什麼、提倡用什麼替代被顚覆的事物，完全是兩回事。史賓塞那篇文章的作者把尼采跟反平等主義掛在一塊兒，卻沒提出史賓塞也如此主張的證據。說到底，尼采和史賓塞之間繪聲繪影的連結，似乎是無事生非。在《大西洋》雜誌的文章裡，這只是相對瑣碎的論點，至於提及該文的那些文章只是拿來當標題詐騙作風的一則例子罷了。

好，《論道德的系譜》確實有提到「威武的金髮野獸」「雅利安種族」，還恰恰一處有「主人種族」，讀來讓人倍感威脅，但你實際讀過該書就會了解，那是在商榷歷史和字源學，特別著重「好」「壞」和「邪惡」這幾個詞。尼采的關鍵哲學

---

16 Josh Harkinson, "Meet the White Nationalist Trying to Ride the Trump Train to Lasting Power," *Mother Jones*, October 27, 2016.

17 Richard Spencer, "Facing the Future as a Minority" (American Renaissance conference, April 2013). YouTube 上可找到影片。

貢獻之一，就是「主人道德」的想法，連帶還有反動的奴隸道德，這在耶穌誕生後的頭幾個世紀裡傳遍歐洲。這些詞彙讓人憂心，但尼采是用來描述條頓人（Teutonen）和哥德人對其餘人口的影響：

「德國人一掌權，就引起別人深刻且冷酷的猜忌——就算到了今天也一樣——乃是金髮條頓野獸肆虐、令歐洲人好幾世紀揮之不去的恐懼，所留下的餘波。（儘管古老的日耳曼人跟我們之間，幾乎沒有心理面的關聯，更別說生理上的關聯了。）」[18]

他確實流露對條頓人的仰慕之情，但那多半不是他的重點，重點毋寧是要指責其他人的回應，也就是奴隸道德和如今我們說的怨恨壯大了。這整套論述十分複雜，一旦讀懂，說不定會厭惡他實際上的見解。無論如何，我們參酌多本二手資料，讀來讀去，實在找不出尼采支持白人民族主義的論據。

雜誌上有一篇西恩·伊靈（Sean Illing）的文章，[19] 淺顯易懂（伊靈的博士論文[20]包含對尼采的一番精讀）。文中概略的見解跟我們這裡提出的看法類似。他也針對史賓塞和其他另類右翼對尼采的誤讀，提出若干辯護。伊靈的文章當然不會證明我們的見解，但我們對尼采跟白人民族主義的瓜葛所抱持的懷疑，則得到了支持。

---

18 《論道德的系譜》第 1 篇，第 11 節。

19 Sean Illing, "The alt-right is drunk on bad readings of Nietzsche. The Nazis were too," *Vox*, August 2017.

20 Sean Illing, "Between nihilism and transcendence: Albert Camus' dialogue with Nietzsche and Dostoevsky" (doctoral dissertation, Louisiana State , University, 2014). Available at LSU Digital commons.

「尼采討厭女人嗎？」

按今日的標準，很容易在尼采的著作裡找到極其冒犯女人的言詞。不論是女人適合的角色，還是對女人行爲的刻板印象描述，尼采形諸文字的見解都是明明白白的沙文主義與性別歧視。舉例來說：

「如果女人有作學問的傾向，則她在性方面通常有些不正常。」[21]

「對女人而言，從一開始就沒有什麼比真理更陌生、更悖逆、更敵對的東西了——她的偉大藝術是謊言，她最重要的事務是顯像和美。」[22]

「女人獻出自己，男人接受。」[23]

是不是19世紀的男性沙文主義促成厭女（其字面的希臘文字根就是指一種對女人的扎扎實實的恨意），實在也無關緊要，畢竟讀者一定也同意：相較於同時代的彌爾（John Stuart Mill）[24]，尼采未能超越他所處時代盛行的態度。兩相比較，高下立判。儘管如此，尼采倒是把厭女者的自恨大聲說出來了：「『女人是我們的敵人』——對其他男人如此說的男人，展現出毫無抑制的衝動，這種衝動不但恨它自身，還恨滿足衝動的手段。」[25]

有時他的措詞似乎更張狂。最惡劣的例子出自《查拉圖斯特拉如是說》的一個章節。這一章不但充斥性別歧視的句子，

21 譯註：趙千帆譯，大家出版。

22 譯註：趙千帆譯，大家出版。p. 248-9。

23 《快樂的科學》，第363節。

24 例如，彌爾1869年的文章〈婦女的屈從地位〉

25 《朝霞》，第346節。

諸如「女人一切只有一個謎底——那就是懷孕」和「男人該受訓上戰場，女人該受訓娛樂戰士」，還有廣受引用、讓人一聽就搖頭的：「你要去找女人？別忘了帶鞭子！」[26]

從希金斯教授的一篇論文[27]，還有至少一本《查拉圖斯特拉如是說》的導讀書籍[28]，讀者可以了解到，將這些文句詮釋成雄性支配和強暴的表現，為什麼不無疑義而且多半不正確。首先要記得，尼采寫《查拉圖斯特拉如是說》的用意是以藝術綜合哲學，這部虛構作品借重譬喻和影射。備受爭議的這一節，行文帶著嘲諷和黑色幽默的調性，他把查拉圖斯特拉寫成行事猥瑣、遇事不決的角色，正跟一個身分曖昧的老女人對話。這個查拉圖斯特拉沒有絲毫讓人服氣的地方，他說出這些沙文主義[29]的對白，而老女人提示了「鞭子」那句評論給查拉圖斯特拉，稱之為「小小的眞理」。

除上述脈絡外，還請讀者留意：如今尚存的寥寥幾張尼采的照片中，有一張是在搭置好的場景裡，尼采和他的朋友雷，被尼采單戀的曖昧對象、著名的知識分子莎樂美「鞭笞」。於是，讀者可以合理詮釋那句話是故作俏皮的刻板印象：一牽扯上女人，男人只能聽命。希金斯還繼續說明這一節隱而不顯的互文參照，包括柏拉圖的《宴飲篇》（*Symposium*）和《費德羅篇》（*Phaidros*）、叔本華的《論噪音》（*Bruitism*）、阿

26 《查拉圖斯特拉如是說》第 1 部，第 18 節〈年老的與年輕的女人〉。

27 Kathleen Higgins, "The Whip Recalled," *Journal of Nietzsche Studies* 12, Nietzsche and Women (Autumn 1996): 1–18.

28 Douglas Burnham and Martin Jesinghausen, *Nietzsche's Thus Spoke Zarathustra* (Bloomington, IN: Indiana University Press, 2010).

29 認為自己的群體或人民優越於其他群體或人民的非理性信念。

普列尤斯的《金驢記》（*Metamorphoses*），還有《查拉圖斯特拉如是說》裡其他幾個段落。這一切都讓本節的意義，以及鞭子的指涉更加繁複多義，曖昧不明。

質疑厭女又同時承認沙文主義，實在談不上是果斷的背書。看尼采對女人的見解，或是他跟女人有關的哲學，有什麼正面的事情可說嗎？

尼采的觀點主義思想，已經成為現代女性主義隱含的常規預設。觀點主義是這樣的一種想法：對世界上的事件、一份文本或其他任何事物提出客觀正確的詮釋，這種「無所立足的見解」並不存在。女性主義的許多流派都從這樣的想法出發，申論女人的不同觀點不只是該放在心上的「有此一說」，更該是一種對世界同樣有效的見解。性騷擾案件中用到的「合理女人標準」就淋漓盡致地展現了觀點主義。[30]

觀點主義在尼采的思想裡是個籠統的概念，它對女性主義固然有價值，但讀者或許會認為那跟尼采的哲學不必然有關。然而尼采談論女人的時候，強調跟男人觀點的衝突，以及男人理解女人見解的難處。「女人的一切是個謎」，他在《查拉圖斯特拉如是說》讓人困擾的那節裡寫道。他會完全沒注意到可以按上述方式運用觀點主義，實在說不過去。可見，尼采固然有性別歧視，而且他無法理解女人的見解，但他應該能把握到女人有其不同的見解，而且女人的見解同樣有效。

進一步說，尼采在多本著作裡用「女人」隱喻生命[31]、智

---

30 *Ellison v. Brady*, 924 F.2d 872 (9th Cir. 1991).

31 《快樂的科學》，第 339 節。

慧[32]、幸福[33]和眞理[34]。他認爲婚姻需要互相敬重。[35]他在多處運用母職和撫養孩子來隱喻其哲學最重要的成分，諸如創造力和人上人。不可諱言的是，這一切都在他沙文主義刻板印象的籠罩下，但種種跡象仍指出，他把女人視爲生命的方程式中重要且有價值的一部分。

哲學和女性主義的學術文獻裡[36]，關於上述主題的爭論汗牛充棟，這是意料中事。尼采到底怎麼看待女人，恐怕沒有蓋棺論定的解釋，甚至人們會懷疑：他本人也是左右爲難、前後不一致。[37]尼采掙脫不出他那個時代的男人典型的沙文主義和性別歧視[38]，但也認定生命少了陰性就絕無平衡的可能——這應該是持平的說法。若有人聲稱尼采強烈厭女，不能盡信。

其他疑慮

尼采的「人上人」概念引發多種詮釋，這樣的情況實不讓人意外，畢竟這個術語幾乎全都出現在《查拉圖斯特拉如是說》這本虛構、倚重譬喻的複雜文學作品。這些詮釋當中，諸如優生學或種族優越論等主張，確實會引起關切。話說回來，最普通的詮釋是將人上人看成激勵個別人類的某種目標，說不

32 《查拉圖斯特拉如是說》第 1 部，第 7 節〈讀與寫〉。

33 《查拉圖斯特拉如是說》第 3 部，第 47 節〈違背意願的幸福〉。

34 《善惡的彼岸》前言。

35 《查拉圖斯特拉如是說》第 1 部，第 20 節〈孩子和結婚〉。

36 Peter Burgard, ed., *Nietzsche and the Feminine* (Charlottesville, VA: University of Virginia Press, 1994).

37 Peter Burgard, "Introduction: Figures of Excess," in *Nietzsche and the Feminine*.

38 Higgins, "The Whip Recalled," 2.

定也有鼓舞人類整體之意。這些讀法將人上人視為自我提升的目標；面對世界上日益增長的虛無主義，創造新的道德和審美價值尤其值得投入。值得一提的是，故事裡沒有實際出現人上人，查拉圖斯特拉這個角色要企及那樣的狀態，但一次又一次失敗。

人上人乃是「末人」的反題。所謂末人就像一顆癱在沙發上的馬鈴薯，滿嘴食物，口水流滿臉，差不多就像電影《蠢蛋進化論》[39]裡的角色。尼采屢屢在非虛構的著作裡訕笑跟從奴隸道德概念的「獸群」成員，前文已有討論。於是我們很難不把尼采讀成一個菁英主義者，這種菁英主義不重血脈，強調道德和創造行為，有時著重智性。換句話說，這樣讀是把他讀成唯功績是尚的菁英主義者。

這項事實最讓人不安的是，尼采對此毫無愧色。在他的時代，凡事講求平等的價值就跟今日一樣是強而有力的社會風氣。人不該認為某些人比其他人優越，尤其不應自居高人一等，這是奴隸道德的核心要素。然而經營事業可不能隨機聘人，至少就技能、文化適性和其他因素，有些人就是比其他人好。在本書中，我們運用尼采反平等主義這一點，敦促你質疑這一切對你和你的事業有何意義。

尼采認為民主包藏著讓自身垮台的種子：「現代民主是國家衰落的歷史形式。」[40]不過他對貴族制度、無政府主義和他那個時代的德國國家，同樣百般嘲弄。他絕非民族國家的擁簇

---

39 *Idiocracy*, 2006 年的美國科幻喜劇，故事講述了美國軍人喬・鮑爾斯參與了一個機密的軍方人體冬眠實驗，卻意外地在 500 年後的反烏托邦世界醒來。

40 《人性的，太人性的》，第 472 節。

者：「國家在說善與惡時全是謊言，無論說什麼都是撒謊——它擁有的一切都是偷來的。它的一切都是虛偽；它以偷來的牙齒咬嚙，見什麼咬什麼。」[41] 他鮮少論述政府形式，至於對政府抱持正面態度的主張，那是從來沒見過。一碰上政治，尼采牢騷發得多，卻不曾鼓吹過什麼。

既然正面的立論付之闕如，又反對平等主義，要把尼采讀成馬克思主義者是相當勉強的事情。可是，批判理論家、解構主義者、後現代主義者和其他持論相近的人，他們如果不是鐵桿馬克思主義者，好歹都傾向馬克思主義，尼采在這些圈子裡如此流行，那又怎麼說呢？這恐怕沒有簡單的答案，而批判理論的文獻對這個疑問同樣眾說紛紜。

說到底，尼采的觀點主義似乎是重要的原因，它激發批判理論的許多觀念，影響在於抽象的層面，而不在於政治主張的細節。

觀點主義的黑暗面是，人人都能輕易將之詮釋爲相對主義，不論是道德還是知識面的相對主義。

尼采經常把我們所有的概念寫成是「幻象」，只爲了滿足生存所需，卻不表示它蘊含眞理。有些人用這些想法爲「後事實」觀點立論，而在政治左翼和右翼，乃至於其他脈絡下都有類似的論點，這顯然是當今教人深感憂心的現象。然而這是貨眞價實的哲學議題，困擾歷代人，尼采不是唯一一個、也不是第一個提出這類觀念的哲學家。柏拉圖的洞穴寓言 [42]，康德的

41 《查拉圖斯特拉如是說》第 1 部〈新的偶像〉。

42 柏拉圖在其《理想國》對話集第 7 卷的開篇，透過他的老師蘇格拉底敘述了這個比喻，旨在闡明，哲學教育是思想解放的必經之路，也是其意義所在。哲學的目的是實現從物質世界到理念世界的升華。

本體論轉向[43]，都在尼采之前就提出了。尼采的影響之所以格外深遠，一部分是因爲他的文筆活潑斑爛，撼動人心。

結論

本文說明：打著尼采的招牌兜售的觀點都有其可疑之處，並對比較冒犯人、而且人們試圖歸咎於他的觀念，專門討論。關於尼采的立場，任何斬釘截鐵的說法，我們都不抱信任，同時我們也努力不犯同樣的錯。

要賦予尼采清晰的立場固然有種種難處，但請記住，我們這兩位作者自身的看法，當然能說清楚、講明白。種族歧視、性別歧視，以及另類右翼、白人民族主義者、新納粹分子或相關團體的排外見解：兩位作者，連同本書所有貢獻者（就我們所知），不支持、而且完全無法接受上述應予譴責的立場。

43 康德真正偉大之處，在於他的反思精神。反思的結果是把西方哲學從本體論轉向認識論，這包含了兩重意義：一是宣告本體論哲學的終結，二是批判西方理性的局限。他認為西方理性的認知模式，無法真正認識客體對象，他所做的其實就是運用形式邏輯的沉思，來論證盲人摸象的道理。由於他意識到主體的理性認知模式，無法正確把握客體，沿著主、客二元論的既有思維定勢，把本體論的「客體」轉述為認識論的「物自體」。

附錄三｜資料來源

各章引用的尼采段落，出處附於下文。只要書有分節或編號，我們就盡量引用節號或編號。我們不採頁碼，這樣想要深究的讀者才不會受制於特定的譯本或版本。正文裡的引文，大部分都將原本的小節或警句完整收錄，頂多略去小標題。少數則是從較長的段落摘出來，這類引文多半出自《查拉圖斯特拉如是說》。

尼采只用德文寫作，所以我們附上各部作品的英譯者和出版年份。在 Gutenberg.org 上可以找到全部公領域的作品，有幾本在 Google Books 或 Amazon 上有免費的電子書。目前也有新近的翻譯。史丹佛大學出版社正在逐步出版屬於 21 世紀的尼采全譯本。

著作與翻譯

《不合時宜的沉思》出版於 1876 年，我們使用 1910 年 Anthony Ludovici 翻譯的版本。

《人性的，太人性的：一本獻給自由精神的書》首度出版於 1878 年，尼采後來於 1879 年增補「見解與箴言雜錄」，1880 年增補「漫遊者和他的影子」。3 卷各有其章節和警句編號，如未註明則是指主要的卷次。除非另註，否則我們使用的是 1909 年由 Helen Zimmern 翻譯的版本。另 2 卷則用 1913 年 Paul V. Cohn 翻譯的版本。

《朝霞》出版於 1881 年。我們使用 1911 年由 John McFarland Ken-nedy 翻譯的版本。

《快樂的科學》出版於 1882 年。我們使用 1910 年由 Thomas Common 翻譯的版本。

《查拉圖斯特拉如是說：一本爲所有人又不爲任何人所寫之書》原先分卷出版，前 3 卷於 1882 年一起出版，到 1892 年第 4 卷才發表。我們使用 1909 年由 Thomas Common 翻譯的版本。這個譯本在傳達尼采的哲學意圖時屢有錯誤，儘管如此，還是有翻出古老的聖經風格，符合尼采的文學意圖。少數幾處，我們將一些冷僻的詞彙換成現代用語。

《善惡的彼岸》出版於 1886 年。除非另註，我們使用 1906 年由 Helen Zimmern 翻譯的版本。

《論道德的系譜：一本論戰著作》出版於 1887 年。除非另註，我們使用 1913 年由 Horace B. Samuel 翻譯的版本。

有 2 處爲因應主題，我們根據多個來源組合翻譯。〈爲自己歡欣〉結合 Zimmern 的譯本和 1986 年由 Marion Faber 翻譯的譯本，加上我們自己的用詞。〈強烈的信念〉則綜合 Samuel 的譯本和引自 1988 年 Elise Mandel 和 Theo Mandel 翻譯的 Lou Andreas-Salome 的《尼采》（*Nietzsche*）譯本裡的一段話。

策略

壓勝：人性的，太人性的——漫遊者和他的影子 #344
找到你的方向：查拉圖斯特拉如是說，第 3 卷，論沉重的精神
做顯而易見的事：人性的，太人性的——漫遊者和他的影子 #347
克服障礙：朝霞 #444
顛覆的耐性：朝霞 #534
觸底：查拉圖斯特拉如是說，第 3 部〈浪遊者〉
無聲殺手：查拉圖斯特拉如是說，第 2 部〈重大的事件〉
預見未來：人性的，太人性的——漫遊者和他的影子 #330
資訊：快樂的科學 #41
里程碑：人性的，太人性的——漫遊者和他的影子 #204
計畫：人性的，太人性的——見解與箴言雜錄 #85

文化

信任：善惡的彼岸 #183
感謝：快樂的科學 #100
堅持：善惡的彼岸 #72
超越：查拉圖斯特拉如是說，第 2 卷，自我超越
風格：不合時宜的沉思，施特勞斯——告白者與作者，第 1 節
後果：善惡的彼岸 #179
怪物：善惡的彼岸 #146
團體迷思：善惡的彼岸 #156
思維獨立：快樂的科學 #32

成熟：人性的，太人性的——見解與箴言雜錄 #283

整合者：人性的，太人性的——漫遊者和他的影子 #76

自由精神

偏離常道：人性的，太人性的 #224

執著：快樂的科學 #55

工作就是獎賞：快樂的科學 #42

爲自己歡欣：人性的，太人性的 #501

玩得上手，展現成熟：善惡的彼岸 #94

天才：人性的，太人性的——見解與箴言雜錄 #378

經驗得來的智慧：人性的，太人性的——漫遊者和他的影子 #298

連續創業之道：快樂的科學 #163

成功的陰影：善惡的彼岸 #269

反射你的光芒：人性的，太人性的——見解與箴言雜錄 #61

領導

負起責任：善惡的彼岸 #68

做事不是領導：人性的，太人性的 #521

信念：人性的，太人性的——漫遊者和他的影子 #234

吸引人跟上來：人性的，太人性的——漫遊者和他的影子 #254

堅定不移的決心：善惡的彼岸 #107

正確的訊息：善惡的彼岸 #99

溫和領導：快樂的科學 #216

感謝與正直：善惡的彼岸 #74
兩類領導人：朝霞 #554
內向者：查拉圖斯特拉如是說，第 2 卷，最寂靜的時刻

手腕

再來一次，這次放感情：善惡的彼岸 #128
對著受衆演奏：人性的，太人性的 #177
展現價值：人性的，太人性的 #533
強烈的信念：論道德的系譜，第 3 篇，#24
光明磊落：查拉圖斯特拉如是說，第 3 卷，橄欖山上
紅得發燙：善惡的彼岸 #91
模仿者：快樂的科學 #255
退一步：人性的，太人性的——漫遊者和他的影子 #307
持續惕勵：人性的，太人性的——見解與箴言雜錄 #266
清理：人性的，太人性的——漫遊者和他的影子 #335

鳴謝

Maureen Amundson 和 Amy Batchelor 是我們在生活和智識上的伴侶。寫作本書（和我們做每件事）的過程中，她們不但支持，還給我們建議和點子。能有佳人爲伴，至爲感恩。

眾多創業者說自己的故事共襄盛舉，讓本書大大增色。承蒙諸位不但願意斟酌對讀者最有幫助的一段故事，許多個案更是要不計榮辱才有可能分享出來。他們花時間寫文章，修改數次。我們感謝諸位的貢獻：Ingrid Alongi、Daniel Benhammou、Matt Blumberg、Sal Carcia、Ben Casnocha、Ralph Clark、David Cohen、Mat Ellis、Tim Enwall、Nicole Glaros、Will Herman、Mike Kail、Luke Kanies、Walter Knapp、Gary LaFever、Tracy Lawrence、Jenny Lawton、Seth Levine、Bart Lorang、David Mandell、Jason Mendelson、Tim Miller、Matt Munson、Ted Myerson、Bre Pettis、Laura Rich、Jacqueline Ros、Jud Valeski，還有一位基於故事較敏感須隱其名。

霍夫曼花時間仔細了解我們寫這本書想達成的目標，爲本書做序，引導讀者進入本書，更錦上添花。我們深深感謝霍夫曼的洞見。

許多人閱讀本書的初稿，並惠賜意見：Will Herman、Kristin Lindquist、Dina Supino、Jamey Sperans、Rajat Bhargava、Ben Casnocha、Greg Gottesman、Peter Birkeland、Rachel Meier 和 Maureen Amundson。諸位的回饋，幫助我們及早辨認出本書的短處，使其更上層樓。

投資贏家系列 067

尼采商學院

Linkedln 創始人里德．霍夫曼盛讚，一周一篇，激發創業投資的勇氣與智慧

The Entrepreneur's Weekly Nietzsche: A Book for Disruptors

作　　者　戴夫·吉爾克（Dave Jilk）、布萊德·菲爾德（Brad Feld）
譯　　者　李屹

責任編輯　蔡宜庭、蔡緯蓉
總 編 輯　許訓彰
校　　對　蔡宜庭、蔡緯蓉
行銷經理　胡弘一
行銷主任　朱安棋
行銷企畫　林律涵、林以蓁
印　　務　詹夏深
封面設計　木木 Lin
內文排版　方皓承

出 版 者　今周刊出版社股份有限公司
發 行 人　梁永煌
社　　長　謝春滿

地　　址　台北市中山區南京東路一段 96 號 8 樓
電　　話　886-2-2581-6196
傳　　眞　886-2-2531-6438
讀者專線　886-2-2581-6196 轉 1
劃撥帳號　19865054
戶　　名　今周刊出版社股份有限公司
網　　址　http://www.businesstoday.com.tw

總 經 銷　大和書報股份有限公司
製版印刷　緯峰印刷股份有限公司
初版一刷　2022 年 12 月
定　　價　380 元

國家圖書館出版品預行編目（CIP）資料

尼采商學院 : Linkedln 創始人里德 . 霍夫曼盛讚 , 一周一篇 , 激發創業投資的勇氣與智慧 /
戴夫 . 吉爾克 (Dave Jilk), 布萊德 . 菲爾德 (Brad Feld) 著 ; 李屹譯 . -- 初版 . --
臺北市 : 今周刊出版社股份有限公司 , 2022.12　296 面 ;　14.8×21 公分 . -- (投資贏家系列 ; 67)
譯自 : The entrepreneur's weekly Nietzsche : a book for disruptors.
ISBN 978-626-7014-84-4(平裝)
1.CST: 尼采 (Nietzsche, Friedrich Wilhelm, 1844-1900) 2.CST: 創業 3.CST: 企業經營 4.CST: 成功法

494.1　111017455

Investment

Investment